DIANLI ANQUAN SHENGCHAN
DIANXING WEIZHANG 100LI

电力安全生产典型违章100例

配电部分

国网河北省电力有限公司安全监察部◎编著

图书在版编目（CIP）数据

电力安全生产典型违章100例. 配电部分/国网河北省电力有限公司安全监察部编著. —北京：中国电力出版社，2023.5（2024.5重印）
ISBN 978-7-5198-7661-6

Ⅰ. ①电… Ⅱ. ①国… Ⅲ. ①电力工程－违章作业－图集②配电系统－违章作业－图集 Ⅳ. ①TM08-64

中国国家版本馆CIP数据核字（2023）第143068号

出版发行：中国电力出版社
地　　址：北京市东城区北京站西街19号（邮政编码100005）
网　　址：http://www.cepp.sgcc.com.cn
责任编辑：孙　芳（010-63412381）
责任校对：黄　蓓　朱丽芳
装帧设计：赵姗姗
责任印制：吴　迪

印　　刷：三河市万龙印装有限公司
版　　次：2023年5月第一版
印　　次：2024年5月北京第五次印刷
开　　本：787毫米×1092毫米　24开本
印　　张：8.25
字　　数：169千字
印　　数：9001—10000册
定　　价：60.00元

安全是生命之本，违章是事故之源。电力企业的反违章工作是确保安全生产的重要环节。为规范电力生产现场管理，提高各级人员安全意识，推进现场标准化作业，规范安全行为，杜绝安全事故发生，国网河北省电力有限公司组织编写了《电力安全生产典型违章 100 例》系列书，包括输电部分、变电部分、配电部分、基建部分、通信与营销部分 5 个分册。

本书为《电力安全生产典型违章 100 例　配电部分》，主要内容包括配电专业严重违章清单，0.4kV 及以上电压等级配电设备在运维、检修、带电作业、建设施工等作业过程中出现的典型违章案例及分析。

本书可作为电力企业生产管理人员、安全管理人员的工作实用手册，也可作为反违章安全教育的培训教材及学习资料。

编 委 会

习近平总书记指出："推动创新发展、协调发展、绿色发展。开放发展、共享发展，前提都是国家安全、社会稳定。没有安全和稳定，一切都无从谈起"。因此，牢固树立安全发展观念，坚持人民利益至上，是坚持党的群众路线，实事求是做好安全工作的具体实践。从安全生产到安全发展，不仅是一次重大的理论建树，更是新时期进一步加强安全工作的总纲领、总标准。在改革发展的大背景下，电网企业的安全工作被赋予了更加特殊的意义，其安全需求更加迫切，安全问题更加复杂，安全管理更加关键，安全约束更加严苛。复杂多变的外部环境给队伍建设提出了更高的要求，"人"既是安全发展的关键因素，也是安全工作的薄弱环节，唯有促其勤思善学、勇于担当、开拓进取，方能培育其安全习惯，提升其安全素养。"明者防患于未萌，智者图患于将来"，教会员工主动防范、提前预控违章行为是杜绝事故的良策，关键要通过建立简化机制、可视机制，变违章行为感性认识为理性认知，从意识强化、规程认知、技术技能培养等方面培塑本质型安全人。

安全是生命之本，违章是事故之源。电力企业的反违章工作是确保安全生产的重要环节。为规范电力生产现场管理，提高各级人员安全意识，推进现场标准化作业，规范安全行为，杜绝安全事故发生，国网河北省电力有限公司组织编写了《电力安全生产典型违章 100 例》系列书。

本书为《电力安全生产典型违章 100 例　配电部分》，对《国家电网有限公司关于进一步规范和明确反违章工作有关事项的通知》（国家电网安监〔2023〕234 号）中列出的三类严重违章，结合配电专业进行了梳理，并细化至输电常规作业项目，便于日常应用。

本系列书中的案例，均来自近两年国网总部及国网河北省电力有限公司开展"四不两直"安全督查发现的违章，分输电、变电、配电、基建、通信与营销专业，共 5 个分册，各编写了 100 条，从违章表现、违章后果、违反条款三个方面进行了说明。这些发生在我们身边的案例，通过通俗易懂的语言进行解读，使读者方便了解、易于接受；通过现场真实的图片进行展示，并辅以违反的安全规程条款及管控措施，有利于生产一线员工结合实际查找身边的违章，深入剖析违章原因，自查自纠，自觉反违章、不违章，增强遵章守纪的自觉性。

本书以实际案例指出了在电力生产中发生的典型违章行为，对于加强反违章管理具有重要意义。本书所讲公司均指国家电网有限公司，特此说明！

鉴于本书作者知识面及经验的局限性，书中错漏之处在所难免，敬请广大专家和读者批评指正。

编　者

2023 年 5 月

CONTENTS

目录

第一部分
配电专业严重违章清单

一、严重违章对应安全事件
二、严重违章清单
三、作业项目对应严重违章条款
四、严重违章依据条款

一、严重违章对应安全事件

按照《国家电网有限公司关于进一步规范和明确反违章工作有关事项的通知》（国家电网安监〔2023〕234 号），对严重违章责任人和负有管理责任的人员，对照国家电网有限公司《安全工作奖惩规定》关于安全事件的惩处措施进行惩处。其中，Ⅰ～Ⅲ类严重违章分别按五～七级安全事件处罚（见表 1-1）。

表 1-1　严重违章类别与安全事件及处罚标准对应表

<table>
<tr><th>责任人员
违章类别</th><th>Ⅰ类严重违章
（五级事件）</th><th>Ⅱ类严重违章
（六级事件）</th><th>Ⅲ类严重违章
（七级事件）</th></tr>
<tr><td>事故单位
主要领导</td><td rowspan="2">经济处罚</td><td></td><td></td></tr>
<tr><td>事故单位
有关分管领导</td><td>经济处罚</td><td></td></tr>
<tr><td>基层单位二级
机构负责人</td><td>通报批评</td><td>经济处罚</td><td>经济处罚</td></tr>
<tr><td>主要责任者</td><td>记过</td><td>记过</td><td>警告</td></tr>
<tr><td>同等责任者</td><td>记过</td><td>警告</td><td>通报批评</td></tr>
<tr><td>次要责任者</td><td>警告</td><td>通报批评</td><td></td></tr>
<tr><td>经济处罚（元）</td><td>5000</td><td>3000</td><td>2000</td></tr>
</table>

二、严重违章清单

按照《国家电网有限公司关于进一步规范和明确反违章工作有关事项的通知》（国家电网安监〔2023〕234 号），结合“生产配电部分”“配电工程部分”“动火作业部分”“监理部分”典型违章库，本书对配电专业涉及条款进行了梳理，共梳理Ⅰ类严重违章生产配电部分 19 条、配电工程部分 17 条，Ⅱ类严重违章生产配电部分 25 条、配电工程部分 16 条，Ⅲ类严重违章生产配电部分 49 条、配电工程部分 39 条，条款编号保留了文件中的严重条款违章编号。

Ⅰ类严重违章（19 条）（生产配电）

1. 无日计划作业，或实际作业内容与日计划不符。

2. 工作负责人（作业负责人、专责监护人）不在现场，或劳务分包人员担任工作负责人（作业负责人）。

3. 无票（包括作业票、工作票及分票、操作票、动火票等）工作、无令操作。

4. 作业人员不清楚工作任务、危险点。

5. 超出作业范围未经审批。

6. 作业点未在接地保护范围。

7. 组立杆塔、撤杆、撤线或紧线前未按规定采取防倒杆塔措施；架线施工前，未紧固地脚螺栓。

8. 有限空间作业未执行“先通风、再检测、后作业”要求；未正确设置监护人；未配置或不正确使用安全防护装备、应急救援装备。

9．多小组工作，工作负责人未得到所有小组负责人工作结束的汇报，就与工作许可人办理工作终结手续。

10．应履行工作许可手续，未经工作许可（包括在客户侧工作时，未获客户许可），即开始工作。

11．同一工作负责人同时执行多张工作票。

12．存在高坠、物体打击风险的作业现场，人员未佩戴安全帽。

13．使用达到报废标准的或应试未试的安全工器具。

14．漏挂接地线或漏合接地开关。

15．立起的杆塔未回填夯实就撤去拉绳及叉杆。

16．杆塔上有人时，调整或拆除拉线。

17．放线、紧线与撤线时，作业人员站在或跨在已受力的牵引绳、导线的内角侧，展放的导线圈内以及牵引绳或架空线的垂直下方。

18．高处作业、攀登或转移作业位置时失去保护。

19．在一级动火区域内使用二级动火工作票。

Ⅰ类严重违章（17条）（配电工程）

1．无日计划作业，或实际作业内容与日计划不符。

2．无票（包括作业票、工作票及分票、操作票、动火票等）工作、无令操作。

3．作业人员不清楚工作任务、危险点。

4．超出作业范围未经审批。

5．作业点未在接地保护范围。

6．有限空间作业未执行“先通风、再检测、后作业”要求；未正确设置监护人；未配置或不正确使用安全防护装备、应急救援装备。

7．工作负责人（作业负责人、专责监护人）不在现场，或劳务分包人员担任工作负责人（作业负责人）。

8．组立杆塔、撤杆、撤线或紧线前未按规定采取防倒杆塔措施；架线施工前，未紧固地脚螺栓。

9．多小组工作，工作负责人未得到所有小组负责人工作结束的汇报，就与工作许可人办理工作终结手续。

10．应履行工作许可手续，未经工作许可（包括在客户侧工作时，未获客户许可），即开始工作。

11．同一工作负责人同时执行多张工作票。

12．存在高坠、物体打击风险的作业现场，人员未佩戴安全帽。

13．使用达到报废标准的或应试未试的安全工器具。

14．漏挂接地线或漏合接地开关。

15．立起的杆塔未回填夯实就撤去拉绳及叉杆。

16．杆塔上有人时，调整或拆除拉线。

17．高处作业、攀登或转移作业位置时失去保护。

Ⅱ类严重违章（25条）（生产配电）

20．在带电设备附近作业前未计算校核安全距离；作业安全距离不够且未采取有效措施。

21．擅自开启高压开关柜门、检修小窗，擅自移动绝缘挡板。

22．在带电设备周围使用钢卷尺、金属梯等禁止使用的工器具。

23．两个及以上专业、单位参与的改造、扩建、检修等综合性作业，未成立由上级单位领导任组长，相关部门、单位参加的现场作业风险管控协调组；现场作业风险管控协调组未常驻现场督导和协调风险管控工作。

24．防误闭锁装置功能不完善，未按要求投入运行。

25．随意解除闭锁装置，或擅自使用解锁工具（钥匙）。

26．继电保护、直流控保、稳控装置等定值计算、调试错误，误动、误碰、误（漏）接线。

27．超允许起重量起吊。

28．约时停、送电；带电作业约时停用或恢复重合闸。

29．带电作业使用非绝缘绳索（如：棉纱绳、白棕绳、钢丝绳）。

30．跨越带电线路展放导（地）线作业，跨越架、封网等安全措施均未采取。

31．操作没有机械传动的断路器（开关）、隔离开关（刀闸）或跌落式熔断器，未使用绝缘棒。

32．非绝缘工器具、材料直接接触或接近架空绝缘导线；装、拆接地线时人体碰触未接地的导线。

33．配合停电的交叉跨越或邻近线路，在线路的交叉跨越或邻近处附近未装设接地线。

34．作业人员穿越未停电接地或未采取隔离措施的低压绝缘导线进行工作。

35．倒闸操作前不核对设备名称、编号、位置，不执行监护复诵制度或操作时漏项、跳项。

36．倒闸操作中不按规定检查设备实际位置，不确认设备操作到位情况。

37．在电容性设备检修前未放电并接地，或结束后未充分放电；高压试验变更接线或试验结束时未将升压设备的高压部分放电、短路接地。

38．电缆作业现场未确认检修电缆至少有一处已可靠接地。

39．紧断线平移导线挂线作业未采取交替平移子导线的方式。

40．放线、紧线，遇导、地线有卡、挂住现象，未松线后处理，操作人员用手直接拉、推导线。

41．在带电线路下方进行交叉跨越档内松紧、降低或架设导线的检修及施工，未采取防止导线跳动或过牵引措施。

42．动火作业超过有效期（一级动火工作票有效期超过24h、二级动火票有效期超过120h），未重新办理动火工作票。

43．在带有压力（液体压力或气体压力）的设备上或带电的设备上焊接。

44．森林防火期内，进入森林防火区的各种机动车辆未配备灭火器材，在森林防火区内进行野外用火。

Ⅱ类严重违章（16条）（配电工程）

18．擅自开启高压开关柜门、检修小窗，擅自移动绝缘挡板。

19．超允许起重量起吊。

20．在电容性设备检修前未放电并接地，或结束后未充分放电；高压试验变更接线或试验结束时未将升压设备的高压部分放电、短路接地。

21．在带电设备周围使用钢卷尺、金属梯等禁止使用的工器具。

22．随意解除闭锁装置，或擅自使用解锁工具（钥匙）。

23．作业安全距离不够且未采取有效措施。

24．操作没有机械传动的断路器（开关）、隔离开关（刀闸）或跌落式熔断器，未使用绝缘棒。

25．非绝缘工器具、材料直接接触或接近架空绝缘导线；装、拆接地线时人体碰触未接地的导线。

26．配合停电的交叉跨越或邻近线路，在线路的交叉跨越或邻近处附近未装设接地线。

27．作业人员穿越未停电接地或未采取隔离措施的低压绝缘导线进行工作。

28．放线、紧线，遇导、地线有卡、挂住现象，未松线后处理，操作人员用手直接拉、推导线。

29．在带电线路下方进行交叉跨越档内松紧、降低或架设导线的检修及施工，未采取防止导线跳动或过牵引措施。

30．约时停、送电；带电作业约时停用或恢复重合闸。

31．带电作业使用非绝缘绳索（如：棉纱绳、白棕绳、钢丝绳）。

32．电缆作业现场未确认检修电缆至少有一处已可靠接地。

33．紧断线平移导线挂线作业未采取交替平移子导线的方式。

Ⅲ类严重违章（49条）（生产配电）

45．将高风险作业定级为低风险。

46．现场作业人员未经安全准入考试并合格；新进、转岗和离岗 3 个月以上电气作业人员，未经专门安全教育培训，并经考试合格上岗。

47．不具备“三种人”资格的人员担任工作票签发人、工作负责人或许可人。

48．特种设备作业人员、特种作业人员、危险化学品从业人员未依法取得资格证书。

49．特种设备未依法取得使用登记证书、未经定期检验或检验不合格。

50．票面（包括作业票、工作票及分票、动火票等）缺少工作负责人、工作班成员签字等关键内容。

51．工作负责人、工作许可人不按规定办理终结手续。

52．重要工序、关键环节作业未按施工方案或规定程序开展作业；作业人员未经批准擅自改变已设置的安全措施。

53．作业人员擅自穿、跨越安全围栏、安全警戒线。

54．未按规定开展现场勘察或未留存勘察记录；工作票（作业票）签发人和工作负责人均未参加现场勘察。

55．三级及以上风险作业管理人员（含监理人员）未到岗到位进行管控。

56．安全风险管控监督平台上的作业开工状态与实际不符；作业现场未布设与安全风险管控监督平台作业计划绑定的视频监控设备，或视频监控设备未开机、未拍摄现场作业内容。

57．未经批准，擅自将自动灭火装置、火灾自动报警装置退出运行。

58．在易燃易爆或禁火区域携带火种、使用明火、吸烟；未采取防火等安全措施在易燃物品上方进行焊接，下方无监护人。

59．动火作业前，未将盛有或盛过易燃易爆等化学危险物品的容器、设备、管道等生产、储存装置与生产系统隔离，未清洗置换，未检测可燃气体（蒸气）含量，或可燃气体（蒸气）含量不合格即动火作业。

60．使用金具 U 型环代替卸扣；使用普通材料的螺栓取代卸扣销轴。

61．使用起重机作业时，吊物上站人，作业人员利用吊钩上升或下降。

62．吊车未安装限位器。

63．自制施工工器具未经检测试验合格。

64．绞磨、卷扬机放置不稳；锚固不可靠；受力前方有人；拉磨尾绳人员位于锚桩前面或站在绳圈内。

65．劳务分包单位自备施工机械设备或安全工器具。

66．作业现场视频监控终端无存储卡或不满足存储要求。

67．金属封闭式开关设备未按照国家、行业标准设计制造压力释放通道。

68．设备无双重名称，或名称及编号不唯一、不正确、不清晰。

69．高压配电装置带电部分对地距离不满足且未采取措施。

70．起吊或牵引过程中，受力钢丝绳周围、上下方、内角侧和起吊物下面，有人逗留或通过。

71．起重作业无专人指挥。

72．汽车式起重机作业前未支好全部支腿；支腿未按规程要求加垫木。

73．链条葫芦、手扳葫芦、吊钩式滑车等装置的吊钩和起重作业使用的吊钩无防止脱钩的保险装置。

74. 电力线路设备拆除后，带电部分未处理。

75. 高压带电作业未穿戴绝缘手套等绝缘防护用具；高压带电断、接引线或带电断、接空载线路时未戴护目镜。

76. 带负荷断、接引线。

77. 在互感器二次回路上工作，未采取防止电流互感器二次回路开路，电压互感器二次回路短路的措施。

78. 开断电缆前，未与电缆走向图图纸核对相符，未使用仪器确认电缆无电压，未用接地的带绝缘柄的铁钎钉入电缆芯。

79. 开断电缆时扶绝缘柄的人未戴绝缘手套，未站在绝缘垫上，未采取防灼伤措施。

80. 擅自变更工作票中指定的接地线位置，未经工作票签发人、工作许可人同意，未在工作票上注明变更情况。

81. 业扩报装设备未经验收，擅自接火送电。

82. 应拉断路器（开关）、应拉隔离开关（刀闸）、应拉熔断器、应合接地开关、作业现场装设的工作接地线未在工作票上准确登录；工作接地线未按票面要求准确登录安装位置、编号、挂拆时间等信息。

83. 脚手架、跨越架未经验收合格即投入使用。

84. 立、撤杆塔过程中基坑内有人工作。

85. 安全带（绳）未系在主杆或牢固的构件上。安全带和后备保护绳系挂的构件不牢固。安全带系在移动，或不牢固物件上。

86. 一级动火时，动火部门分管生产的领导或技术负责人、消防（专职）人员未始终在现场监护。二级动火时，工区未指定人员并和消防（专职）人员或指定的义务消防员始终在现场监护。

87. 动火作业间断或结束后，现场有残留火种。

88. 在具有火灾、爆炸危险的场所（如：草地、林区、充油设备区域或动火作业、油漆作业场所）吸烟。

89. 高处动火作业（焊割）时，使用非阻燃安全带。

90. 项目监理在旁站或巡视过程中，发现工程存在的触及“十不干”“现场停工五条红线”等严重安全事故隐患情况，未签发工程暂停令并报告建设单位。

91. 监理人员未经安全准入；监理项目部关键岗位人员不具备相应资格；总监理工程师兼任工程数量超出规定数量。

92. 三级及以上风险作业监理人员未按规定进行到岗到位管控，未开展旁站监理或缺少旁站记录。

93. 已实施的超过一定规模的危险性较大的分部分项工程专项施工方案，项目监理机构未审查。

Ⅲ类严重违章（39条）（配电工程）

34. 不具备“三种人”资格的人员担任工作票签发人、工作负责人或许可人。

35．特种设备作业人员、特种作业人员、危险化学品从业人员未依法取得资格证书。

36．工作负责人、工作许可人不按规定办理终结手续。

37．未按规定开展现场勘察或未留存勘察记录；工作票（作业票）签发人和工作负责人均未参加现场勘察。

38．对“超过一定规模的危险性较大的分部分项工程”（含大修、技改等项目），未组织编制专项施工方案（含安全技术措施），未按规定论证、审核、审批、交底及现场监督实施。

39．三级及以上风险作业管理人员（含监理人员）未到岗到位进行管控。

40．安全风险管控监督平台上的作业开工状态与实际不符；作业现场未布设与安全风险管控监督平台作业计划绑定的视频监控设备，或视频监控设备未开机、未拍摄现场作业内容。

41．应拉断路器（开关）、应拉隔离开关（刀闸）、应拉熔断器、应合接地开关、作业现场装设的工作接地线未在工作票上准确登录；工作接地线未按票面要求准确登录安装位置、编号、挂拆时间等信息。

42．在易燃易爆或禁火区域携带火种、使用明火、吸烟；未采取防火等安全措施在易燃物品上方进行焊接，下方无监护人。

43．动火作业前，未将盛有或盛过易燃易爆等化学危险物品的容器、设备、管道等生产、储存装置与生产系统隔离，未清洗置换，未检测可燃气体（蒸气）含量，或可燃气体（蒸气）含量不合格即动火作业。

44．票面（包括作业票、工作票及分票、动火票等）缺少工作负责人、工作班成员签字等关键内容。

45．起重作业无专人指挥。

46．吊物上站人，作业人员利用吊钩来上升或下降。

47．起吊或牵引过程中，受力钢丝绳周围、上下方、内角侧和起吊物下面，有人逗留和通过。

48．擅自变更工作票中指定的接地线位置，未经工作票签发人、工作许可人同意，未在工作票上注明变更情况。

49．立、撤杆塔过程中基坑内有人工作。

50．跨越带电线路展放导（地）线作业，跨越架、封网等安全措施均未采取。

51．开断电缆前，未与电缆走向图图纸核对相符，未使用仪器确认电缆无电压，未用接地的带绝缘柄的铁钎钉入电缆芯。

52．开断电缆时扶绝缘柄的人未戴绝缘手套，未站在绝缘垫上，未采取防灼伤措施。

53．特种设备未依法取得使用登记证书、未经定期检验或检验不合格。

54．吊车未安装限位器。

55．链条葫芦、手扳葫芦、吊钩式滑车等装置的吊钩和起重作业使用的吊钩无防止脱钩的保险装置。

56．绞磨、卷扬机放置不稳；锚固不可靠；受力前方有人；拉磨尾绳人员位于锚桩前面或站在绳圈内。

57．使用起重机作业时，吊物上站人，作业人员利用吊钩上升或下降。

58．安全带（绳）未系在主杆或牢固的构件上。安全带和后备保护绳系挂的构件不牢固。安全带系在移动，或不牢固物件上。

59．现场作业人员未经安全准入考试并合格；新进、转岗和离岗3个月以上电气作业人员，未经专门安全教育培训，并经考试合格上岗。

60．将高风险作业定级为低风险。

61．重要工序、关键环节作业未按施工方案或规定程序开展作业；作业人员未经批准擅自改变已设置的安全措施。

62．作业人员擅自穿、跨越安全围栏、安全警戒线。

63．未经批准，擅自将自动灭火装置、火灾自动报警装置退出运行。

64．使用金具U型环代替卸扣；使用普通材料的螺栓取代卸扣销轴。

65．自制施工工器具未经检测试验合格。

66．劳务分包单位自备施工机械设备或安全工器具。

67．起吊或牵引过程中，受力钢丝绳周围、上下方、内角侧和起吊物下面，有人逗留或通过。

68．汽车式起重机作业前未支好全部支腿；支腿未按规程要求加垫木。

69．电力线路设备拆除后，带电部分未处理。

70．高压带电作业未穿戴绝缘手套等绝缘防护用具；高压带电断、接引线或带电断、接空载线路时未戴护目镜。

71．业扩报装设备未经验收，擅自接火送电。

72．脚手架、跨越架未经验收合格即投入使用。

三、作业项目对应严重违章条款

按照梳理出的配电专业严重违章条款，将配电专业常规作业项目与可能出现的严重违章条款进行了逐一对应，见表 1-2。

表 1-2　配电常规作业项目可能出现的严重违章条款

序号	作业项目	可能出现的严重违章条款
1	10kV 箱式变电站停电检修作业（生产配电）	Ⅰ：1、2、3、4、5、6、9、10、11、12、13、14
		Ⅱ：20、21、22、24、25、26、27、28、31、37
		Ⅲ：45、46、47、48、49、50、51、52、53、54、56、58、61、62、63、65、66、68、69、70、71、72、73、80、82、90、91
2	10kV 环网柜停电检修作业（生产配电）	Ⅰ：1、2、3、4、5、69、10、11、12、13、14
		Ⅱ：20、21、22、24、25、26、27、28、31、37
		Ⅲ：45、46、47、48、49、50、51、52、53、54、56、58、61、62、63、65、66、68、69、70、71、72、73、80、82、90、91
3	10kV 配电室停电检修作业（生产配电）	Ⅰ：1、2、3、4、5、6、9、10、11、12、13、14
		Ⅱ：20、21、22、24、25、26、27、28、31、37
		Ⅲ：45、46、47、48、49、50、51、52、53、54、56、58、61、62、63、65、66、68、69、70、71、80、82、90、91

续表

序号	作业项目	可能出现的严重违章条款
4	10kV 柱上断路器停电检修作业（生产配电）	Ⅰ：1、2、3、4、5、6、7、9、10、11、12、13、14、16、18
		Ⅱ：20、22、23、27、28、31、32、33、34
		Ⅲ：45、46、47、48、49、50、51、52、53、54、56、61、62、63、65、66、68、70、71、80、82、85、90、91
5	10kV 柱上隔离开关停电检修作业（生产配电）	Ⅰ：1、2、3、4、5、6、7、9、10、11、12、13、14、18
		Ⅱ：20、22、23、27、28、31、32、33、34
		Ⅲ：45、46、47、48、49、50、51、52、53、54、56、61、62、63、65、66、68、70、71、80、82、85、90、91
6	10kV 柱上跌落式熔断器停电检修作业（生产配电）	Ⅰ：1、2、3、4、5、6、7、9、10、11、12、13、14、18
		Ⅱ：20、22、23、27、28、31、32、33、34
		Ⅲ：45、46、47、48、49、50、51、52、53、54、56、61、62、63、65、66、68、70、71、80、82、85、90、91
7	10kV 配电变压器停电检修作业（生产配电）	Ⅰ：1、2、3、4、5、6、7、9、10、11、12、13、14、18
		Ⅱ：20、22、23、27、28、31、32、33、34
		Ⅲ：45、46、47、48、49、50、51、52、53、54、56、61、62、63、65、66、68、70、71、72、73、80、82、85、90、91

续表

序号	作业项目	可能出现的严重违章条款
8	暂态故障指示器检修作业（生产配电）	Ⅰ：1、2、3、4、5、6、7、9、10、11、12、13、18
		Ⅱ：20、32
		Ⅲ：45、46、47、48、50、51、52、53、54、56、63、65、66、68、70、80、85、90、91
9	10kV 电缆线路停电检修作业（生产配电）	Ⅰ：1、2、3、4、5、6、8、9、10、11、13、14
		Ⅱ：20、28、37、38
		Ⅲ：45、46、47、50、51、52、53、54、56、65、66、68、78、79、80、90、91
10	10kV 架空线路检修作业（生产配电）	Ⅰ：1、2、4、5、6、7、9、10、11、13、14、15、16、17、18
		Ⅱ：20、27、28、30、32、33、40、41
		Ⅲ：45、46、47、48、50、51、52、53、54、56、61、63、64、65、66、68、70、73、80、82、85、90、91
11	10kV 架空线路线下树障处理作业（生产配电）	Ⅰ：1、2、3、4、5、6、9、10、11、12、13、14、18
		Ⅱ：20、22、32、34
		Ⅲ：45、46、47、48、49、50、51、52、53、54、56、63、65、66、68、85

续表

序号	作业项目	可能出现的严重违章条款
12	10kV 配电变压器绝缘电阻试验作业（生产配电）	Ⅰ：1、2、3、4、5、9、10、11、12、13
		Ⅱ：37
		Ⅲ：45、46、47、48、50、51、52、53、56、63、66、68、82、85
13	10kV 配电变压器直流电阻试验作业（生产配电）	Ⅰ：1、2、3、4、5、9、10、11、12、13
		Ⅱ：37
		Ⅲ：45、46、47、48、50、51、52、53、56、63、66、68、82、85
14	10kV 配电变压器交流耐压试验作业（生产配电）	Ⅰ：1、2、3、4、5、9、10、11、12、13
		Ⅱ：37
		Ⅲ：45、46、47、48、50、51、52、53、56、63、66、68、82、85
15	10kV 电缆绝缘电阻试验作业（生产配电）	Ⅰ：1、2、3、4、5、8、9、10、11、12、13
		Ⅱ：37
		Ⅲ：45、46、47、48、50、51、52、53、56、63、66、68、78、79、82、85

续表

序号	作业项目	可能出现的严重违章条款
16	10kV 电缆振荡波试验作业（生产配电）	Ⅰ：1、2、3、4、5、8、9、10、11、12、13
		Ⅱ：37
		Ⅲ：45、46、47、48、50、51、52、53、56、63、66、68、78、79、82、85
17	10kV 电缆故障定位试验作业（生产配电）	Ⅰ：1、2、3、4、5、8、9、10、11、12、13
		Ⅱ：37
		Ⅲ：45、46、47、48、50、51、52、53、56、63、66、68、78、79、82、85
18	10kV 高压柜绝缘电阻试验作业（生产配电）	Ⅰ：1、2、3、4、5、9、10、11、12、13
		Ⅱ：37
		Ⅲ：45、46、47、48、50、51、52、53、56、63、66、68、82、85
19	10kV 高压柜交流耐压试验作业（生产配电）	Ⅰ：1、2、3、4、5、9、10、11、12、13
		Ⅱ：37
		Ⅲ：45、46、47、48、50、51、52、53、56、63、66、68、82、85

续表

序号	作业项目	可能出现的严重违章条款
20	10kV 架空线路验收作业（生产配电）	Ⅰ：1、2、3、4、5、6、7、10、13、14、18
		Ⅱ：20
		Ⅲ：45、46、47、48、50、52、53、56、63、66、68、85
21	10kV 架空线路送电作业（生产配电）	Ⅰ：1、2、3、4、5、6、7、10、13、14、18
		Ⅱ：22、24、25、28、35、36
		Ⅲ：45、46、47、48、50、51、52、53、54、56、63、66、68、85
22	10kV 电缆线路验收作业（生产配电）	Ⅰ：1、2、3、4、5、6、8、10、13、14
		Ⅱ：21
		Ⅲ：45、46、47、48、50、51、52、53、56、63、66、68
23	10kV 电缆线路送电作业（生产配电）	Ⅰ：1、2、3、4、5、6、8、10、13、14
		Ⅱ：22、24、25、28、35、36
		Ⅲ：45、46、47、48、50、51、52、53、54、56、63、66、68
24	10kV 站房类设备验收作业（生产配电）	Ⅰ：1、2、3、4、5、6、8、10、13、14
		Ⅱ：21、24、25
		Ⅲ：45、46、47、48、50、51、52、53、63、66、68

续表

序号	作业项目	可能出现的严重违章条款
25	10kV 站房类设备送电作业（生产配电）	Ⅰ：1、2、3、4、5、6、8、10、13、14
		Ⅱ：22、24、25、28、35、36
		Ⅲ：45、46、47、48、50、51、52、53、54、56、63、66、68
26	DTU、TTU、FTU 设备的验收、调试作业（生产配电）	Ⅰ：1、2、3、4、5、10、13
		Ⅱ：26
		Ⅲ：45、46、47、48、50、51、52、53、56、63、66、68、77
27	10kV 柱上断路器、柱上隔离开关、柱上跌落式熔断器的停送电操作作业（生产配电）	Ⅰ：1、2、3、4、5、10、13
		Ⅱ：22、24、25、28、34、35、36
		Ⅲ：45、46、47、48、50、51、52、53、56、63、66、68、85
28	10kV 箱式变电站、环网柜、配电室内高、低压柜的停送电操作作业（生产配电）	Ⅰ：1、2、3、4、5、10、13
		Ⅱ：24、25、28、35、36
		Ⅲ：45、46、47、48、50、51、52、53、56、63、66、68

续表

序号	作业项目	可能出现的严重违章条款
29	带电断熔断器上引线作业（生产配电）	Ⅰ：1、2、3、4、5、10、13
		Ⅱ：28、29
		Ⅲ：30、45、46、47、48、50、51、52、53、54、55、56、63、66、68、69、75、76、83、85
30	带电断分支线路引线作业（生产配电）	Ⅰ：1、2、3、4、5、10、13
		Ⅱ：28、29
		Ⅲ：30、45、46、47、48、50、51、52、53、54、55、56、63、66、68、69、75、76、83、85
31	带电断耐张杆引线作业（生产配电）	Ⅰ：1、2、3、4、5、10、13
		Ⅱ：28、29
		Ⅲ：30、45、46、47、48、50、51、52、53、54、55、56、63、66、68、69、75、76、83、85
32	带电接熔断器上引线作业（生产配电）	Ⅰ：1、2、3、4、5、10、13
		Ⅱ：28、29
		Ⅲ：30、45、46、47、48、50、51、52、53、54、55、56、63、66、68、69、75、76、83、85

续表

序号	作业项目	可能出现的严重违章条款
33	带电接分支线路引线作业（生产配电）	Ⅰ：1、2、3、4、5、10、13
		Ⅱ：28、29
		Ⅲ：30、45、46、47、48、50、51、52、53、54、55、56、63、66、68、69、75、76、83、85
34	带电接分支线路引流线作业（生产配电）	Ⅰ：1、2、3、4、5、10、13
		Ⅱ：28、29
		Ⅲ：30、45、46、47、48、50、51、52、53、54、55、56、63、66、68、69、75、76、83、85
35	带电接耐张杆引线作业（生产配电）	Ⅰ：1、2、3、4、5、10、13
		Ⅱ：28、29
		Ⅲ：30、45、46、47、48、50、51、52、53、54、55、56、63、66、68、69、75、76、83、85
36	带负荷直线杆改耐张杆并加装柱上开关或隔离开关作业（生产配电）	Ⅰ：1、2、3、4、5、10、13
		Ⅱ：27、28、29
		Ⅲ：46、47、48、50、51、52、53、54、55、56、63、66、68、69、70、75、76、83、85

续表

序号	作业项目	可能出现的严重违章条款
37	带负荷直线杆改耐张杆并加装柱上开关或隔离开关作业（生产配电）	Ⅰ：1、2、3、4、5、10、13
		Ⅱ：27、28、29
		Ⅲ：46、47、48、50、51、52、53、54、55、56、63、66、68、69、70、75、76、83、85
38	不停电更换柱上变压器作业（生产配电）	Ⅰ：1、2、3、4、5、6、10、13、14
		Ⅱ：27、28、29
		Ⅲ：45、50、51、52、53、54、55、56、66、68、69、70、71、75、76、83、85
39	旁路作业检修架空线路作业（生产配电）	Ⅰ：1、2、3、4、5、6、10、13、14
		Ⅱ：28、29
		Ⅲ：45、50、51、52、53、54、55、56、66、68、69、71、75、83、85
40	旁路作业检修电缆线路作业（生产配电）	Ⅰ：1、2、3、4、5、10、13
		Ⅱ：28、29
		Ⅲ：45、50、51、52、53、54、55、56、66、68、69、71、75、83、85

续表

序号	作业项目	可能出现的严重违章条款
41	旁路作业检修环网箱作业（生产配电）	Ⅰ：1、2、3、4、5、6、10、13、14
		Ⅱ：27、28、29
		Ⅲ：45、50、51、52、53、54、55、56、66、68、69、70、71、75、76、83、85
42	带电更换直线杆绝缘子作业（生产配电）	Ⅰ：1、2、3、4、5、6、10、13、14
		Ⅱ：28、29
		Ⅲ：45、50、51、52、53、54、55、56、66、68、69、71、75、83、85
43	带电更换直线杆绝缘子及横担作业（生产配电）	Ⅰ：1、2、3、4、5、10、13
		Ⅱ：28、29
		Ⅲ：45、46、47、48、50、51、52、53、54、55、56、63、66、68、69、75、76、83、85
44	带电更换熔断器作业（生产配电）	Ⅰ：1、2、3、4、5、10、13
		Ⅱ：28、29
		Ⅲ：45、46、47、48、50、51、52、53、54、55、56、63、66、68、69、75、76、83、85

续表

序号	作业项目	可能出现的严重违章条款
45	带电更换耐张绝缘子串及横担作业（生产配电）	Ⅰ：1、2、3、4、5、10、13
		Ⅱ：28、29
		Ⅲ：45、46、47、48、50、51、52、53、54、55、56、63、66、68、69、75、76、83、85
46	带电组立直线电杆作业（生产配电）	Ⅰ：1、2、3、4、5、7、10、13、15
		Ⅱ：28、29
		Ⅲ：45、46、47、48、50、51、52、53、54、55、56、63、66、68、69、75、76、83、85
47	带电撤除直线电杆作业（生产配电）	Ⅰ：1、2、3、4、5、7、10、13
		Ⅱ：28、29
		Ⅲ：45、46、47、48、50、51、52、53、54、55、56、63、66、68、69、70、71、75、76、83、85
48	带电更换直线电杆作业（生产配电）	Ⅰ：1、2、3、4、5、7、10、13
		Ⅱ：28、29
		Ⅲ：45、46、47、48、50、51、52、53、54、55、56、63、66、68、69、70、71、75、76、83、85

续表

序号	作业项目	可能出现的严重违章条款
49	带电直线杆改终端杆作业（生产配电）	Ⅰ：1、2、3、4、5、10、13、16
		Ⅱ：28、29
		Ⅲ：45、46、47、48、50、51、52、53、54、55、56、63、66、68、69、75、76、83、85
50	带负荷更换熔断器作业（生产配电）	Ⅰ：1、2、3、4、5、10、13
		Ⅱ：28、29
		Ⅲ：45、46、47、48、50、51、52、53、54、55、56、63、66、68、69、75、76、83、85
51	带负荷更换柱上开关或隔离开关作业（生产配电）	Ⅰ：1、2、3、4、5、10、13
		Ⅱ：27、28、29
		Ⅲ：45、46、47、48、50、51、52、53、54、55、56、63、66、68、69、70、71、75、76、83、85
52	带负荷直线杆改耐张杆作业（生产配电）	Ⅰ：1、2、3、4、5、10、13
		Ⅱ：28、29
		Ⅲ：45、46、47、48、50、51、52、53、54、55、56、63、66、68、69、75、76、83、85

续表

序号	作业项目	可能出现的严重违章条款
53	带电断空载电缆线路与架空线路连接引线作业（生产配电）	Ⅰ：1、2、3、4、5、10、13
		Ⅱ：28、29
		Ⅲ：45、46、47、48、50、51、52、53、54、55、56、63、66、68、69、75、76、83、85
54	带电处理绝缘导线异响作业（生产配电）	Ⅰ：1、2、3、4、5、10、13
		Ⅱ：28、29
		Ⅲ：45、46、47、48、50、51、52、53、54、55、56、63、66、68、69、75、76、83、85
55	带电修补导线作业（生产配电）	Ⅰ：1、2、3、4、5、10、13
		Ⅱ：28、29
		Ⅲ：45、46、47、48、50、51、52、53、54、55、56、63、66、68、69、75、83、85
56	带电扶正绝缘子作业（生产配电）	Ⅰ：1、2、3、4、5、10、13
		Ⅱ：28、29
		Ⅲ：45、46、47、48、50、51、52、53、54、55、56、63、66、68、69、75、83、85

序号	作业项目	可能出现的严重违章条款
57	带电断熔断器上引线作业（生产配电）	Ⅰ：1、2、3、4、5、10、13 Ⅱ：28、29 Ⅲ：45、46、47、48、50、51、52、53、54、55、56、63、66、68、69、75、76、83、85
58	带电断分支线路引线作业（生产配电）	Ⅰ：1、2、3、4、5、10、13 Ⅱ：28、29 Ⅲ：45、46、47、48、50、51、52、53、54、55、56、63、66、68、69、75、76、83、85
59	带电断耐张杆引流线作业（生产配电）	Ⅰ：1、2、3、4、5、10、13 Ⅱ：28、29 Ⅲ：45、46、47、48、50、51、52、53、54、55、56、63、66、68、69、75、76、83、85
60	带电接熔断器上引线作业（生产配电）	Ⅰ：1、2、3、4、5、10、13 Ⅱ：28、29 Ⅲ：45、46、47、48、50、51、52、53、54、55、56、63、66、68、69、75、76、83、85

续表

序号	作业项目	可能出现的严重违章条款
61	带电接分支线路引线作业（生产配电）	Ⅰ：1、2、3、4、5、10、13
		Ⅱ：28、29
		Ⅲ：45、46、47、48、50、51、52、53、54、55、56、63、66、68、69、75、76、83、85
62	杆塔基坑开挖（配网工程）	Ⅰ：1、2、3、4、5、6、7、8、10、13、14、18 Ⅱ： Ⅲ：37、40、44、51、62、66、90、92、93
63	使用吊车杆塔组立（配网工程）	Ⅰ：1、2、3、4、5、6、7、8、10、12、13、14、18 Ⅱ：34 Ⅲ：35、40、45、51、53、55、62、64、65、66、67、68、85、90、92、93
64	柱上安装变压器、电缆终端头、真空开关、隔离开关（配网工程）	Ⅰ：1、2、3、4、5、6、7、8、9、10、11、12、13、14 Ⅱ：34、42 Ⅲ：35、38、40、41、45、51、53、62、64、65、67、71、85、86、87、90、92、93

续表

序号	作业项目	可能出现的严重违章条款
65	杆塔上导线展放、紧线（配网工程）	Ⅰ：1、2、3、4、5、6、7、8、10、12、13、14、18 Ⅱ：23、30、40 Ⅲ：34、35、38、40、41、44、50、51、55、59、61、62、64、65、66、67、68、72、85、90、92、93
66	配电室停电间隔制作电缆肘头（生产配电）	Ⅰ：1、2、3、4、5、6、7、8、10、13、14、18 Ⅱ：20、21、22、23、37、42 Ⅲ：48、50、51、52、53、55、56、57、58、59、66、86、87
67	绝缘手套法带电断、接引流线（生产配电）	Ⅰ：1、2、3、4、5、6、7、8、10、13、14、18 Ⅱ：20、22、27、28 Ⅲ：46、47、48、49、50、51、52、53、56、63、66、70、75
68	电缆隧道内处理电缆缺陷（生产配电）	Ⅰ：1、2、3、4、5、6、7、8、10、13、14、18 Ⅱ：21、22、37、38、42 Ⅲ：45、46、47、48、51、54、55、56、57、58、66、79

四、严重违章依据条款

按照《国家电网有限公司关于进一步规范和明确反违章工作有关事项的通知》（国家电网安监〔2023〕234 号）、《国网安监部关于印发严重违章释义的通知》（安监二〔2022〕33 号），对三类严重违章释义及依据条款进行了归纳。

编号	严重违章	表现形式	依据条款
Ⅰ类严重违章（19 条）			
1	无日计划作业，或实际作业内容与日计划不符	1. 日作业计划（含临时计划、抢修计划）未录入安全生产风险管控平台。 2. 安全生产风险管控平台中日计划取消后，实际作业未取消。 3. 现场作业超出安全生产风险管控平台中作业计划范围	**《国家电网有限公司作业安全风险管控工作规定》**（国家电网企管〔2023〕55 号）第十七条：各类生产施工作业均应纳入计划管控，严禁无计划作业。各单位计划性生产施工作业任务均应严格落实“周安排、日管控”要求，以周为单位进行统筹部署安排，明确周内每日作业内容及其作业风险，并按周进行汇总统计和审核发布。 **《国网安委办关于推进“四个管住”工作的指导意见》**（国网安委办〔2020〕23 号）第三条：“四个管住”重点内容（一）“管住计划”1.计划管理。各级专业管理部门按照“谁主管、谁负责”分级管控要求，严格执行“月计划、周安排、日管控”制度，加强作业计划与风险管控，健全计划编制、审批和发布工作机制，明确各专业计划管理人员，落实管控责任。按照作业计划全覆盖的原则，将各类作业计划纳入管控范围，应用移动作业手段精准安排作业任务，坚决杜绝无计划作业
2	工作负责人（作业负责人、专责监护人）不在现场，或劳务分包人员担任	1.工作负责人（作业负责人、专责监护人）未到现场。 2. 工作负责人（作业负责人）暂时离开作业现场时，未指定能胜任的人员临时代替。	**《国家电网公司关于印发生产现场作业“十不干”的通知》**（国家电网安质〔2018〕21 号）第十条：工作负责人（专责监护人）不在现场的不干。 **《国家电网有限公司电力安全工作规程　第 8 部分：配电部分》**第 5.5.4 条：工作票签发人或工作负责人对有触电危险、检修（施工）复杂容易发生事故的工作，应增设专责监护人，并确定其监护的人员和工作范围。

续表

编号	严重违章	表现形式	依据条款
2	工作负责人（作业负责人）	3. 工作负责人（作业负责人）长时间离开作业现场时，未由原工作票签发人变更工作负责人。 4. 专责监护人临时离开作业现场时，未通知被监护人员停止作业或离开作业现场。 5. 专责监护人长时间离开作业现场时，未由工作负责人变更专责监护人。 6. 劳务分包人员担任工作负责人（作业负责人）	第 5.5.5 条：专责监护人不应兼做其他工作。专责监护人临时离开时，应通知被监护人员停止工作或离开工作现场；专责监护人回来前，不应恢复工作。专责监护人需长时间离开工作现场时，应由工作负责人变更专责监护人，履行变更手续，并告知全体被监护人员。 第 5.5.6 条：工作期间，工作负责人若需暂时离开工作现场，应指定能胜任的人员临时代替，离开前应将工作现场交待清楚，并告知全体工作班成员。原工作负责人返回工作现场时，也应履行同样的交接手续。 第 5.5.7 条：工作负责人若需长时间离开工作现场，应由原工作票签发人变更工作负责人，履行变更手续，并告知全体工作班成员及所有工作许可人。原、现工作负责人应履行必要的交接手续，并在工作票上签名确认。 第 5.5.8 条：工作班成员的变更，应经工作负责人的同意，并在工作票上做好变更记录；中途新加入的工作班成员，应由工作负责人、专责监护人对其进行安全交底并履行确认手续。 **《国家电网有限公司业务外包安全监督管理办法》**（国家电网企管〔2023〕55 号）第四十九条：劳务人员不得独立承担危险性大、专业性强的施工作业，必须在发包方有经验人员的带领和监护下进行

续表

编号	严重违章	表现形式	依据条款
3	无票（包括作业票、工作票及分票、操作票、动火票等）工作、无令操作	1．在运用中电气设备上及相关场所的工作，未按照《安规》规定使用工作票、事故紧急抢修单。 2．未按照《安规》规定使用施工作业票。 3．未使用审核合格的操作票进行倒闸操作。 4．未根据值班调控人员、运维负责人正式发布的指令进行倒闸操作。 5．在油罐区、注油设备、电缆间、计算机房、换流站阀厅等防火重点部位（场所）以及政府部门、本单位划定的禁止明火区动火作业时，未使用动火票	**《国家电网公司关于印发生产现场作业“十不干”的通知》**第一条：无票的不干。 **《国家电网有限公司电力安全工作规程　第 8 部分：配电部分》**第 5.1 条：在配电线路和设备上工作的安全组织措施；第 5.3 条：工作票制度
4	作业人员不清楚工作任务、危险点	1．工作负责人（作业负责人）不了解现场所有的工作内容，不掌握危险点及安全防控措施。 2．专责监护人不掌握监护范围内的工作内容、危险点及安全防控措施。	**《国家电网公司关于印发生产现场作业“十不干”的通知》**第二条：工作任务、危险点不清楚的不干。 **《国家电网有限公司电力安全工作规程　第 8 部分：配电部分》**第 4.4.1 条：作业前，应做好安全风险辨识。

续表

编号	严重违章	表现形式	依据条款
4		3. 作业人员不熟悉本人参与的工作内容，不掌握危险点及安全防控措施。 4. 工作前未组织安全交底、未召开班前会（站班会）	作业人员应被告知其作业现场和工作岗位存在的危险因素、防范措施及紧急处理措施。作业前，设备运维管理单位应告知现场电气设备接线情况、危险点和安全注意事项
5	超出作业范围未经审批	1. 在原工作票的停电及安全措施范围内增加工作任务时，未征得工作票签发人和工作许可人同意，未在工作票上增填工作项目。 2. 原工作票增加工作任务需变更或增设安全措施时，未重新办理新的工作票，并履行签发、许可手续	**《国家电网公司关于印发生产现场作业“十不干”的通知》**第四条：超出作业范围未经审批的不干。 **《国家电网有限公司电力安全工作规程　第 8 部分：配电部分》**第 5.3.12.5 条 工作班成员:a）熟悉工作内容、工作流程，掌握安全措施，明确工作中的危险点，并在工作票上履行交底签名确认手续；b）服从工作负责人、专责监护人的指挥，严格遵守本文件和劳动纪律，在指定的作业范围内工作，对自己在工作中的行为负责，互相关心工作安全
6	作业点未在接地保护范围	1. 停电工作的设备，可能来电的各方未在正确位置装设接地线（接地开关）。 2. 工作地段各端和工作地段内有可能反送电的各分支线（包括用户）未在正确位置装设接地线（接地开关）。	**《国家电网公司关于印发生产现场作业“十不干”的通知》**第五条：未在接地保护范围内的不干。

续表

编号	严重违章	表现形式	依据条款
6		3．作业人员擅自移动或拆除接地线（接地开关）	**《国家电网有限公司电力安全工作规程　第 8 部分：配电部分》**第 6.4.1 条：当验明确已无电压后，应立即将检修的高压配电线路和设备接地并三相短路，工作地段各端和工作地段内有可能反送电的各分支线都应接地。第 6.4.2 条：配合停电的交叉跨越或邻近线路，在线路的交叉跨越或邻近处附近应装设一组接地线。配合停电的同杆（塔）架设线路装设接地线要求与检修线路相同。第 6.4.9 条：作业人员应在接地线的保护范围内作业。不应在无接地线或接地线装设不齐全的情况下进行高压检修作业
7	组立杆塔、撤杆、撤线或紧线前未按规定采取防倒杆塔措	1．拉线塔分解拆除时未先将原永久拉线更换为临时拉线再进行拆除作业。 2．带张力断线或采用突然剪断导、地线的做法松线。 3．耐张塔采取非平衡紧挂线前，未设置杆塔临时拉线和补强措施。 4．杆塔整体拆除时，未增设拉线控制倒塔方向。 5．杆塔组立前，未核对地脚螺栓与螺母型号是否匹配。	**《国家电网公司关于印发生产现场作业“十不干”的通知》**第七条：杆塔根部、基础和拉线不牢固的不干。 **《国家电网有限公司电力安全工作规程　第 8 部分：配电部分》**第 8.1.8 条：杆塔基础附近开挖时，应随时检查杆塔稳定性。若开挖影响杆塔的稳定性时，应在开挖的反方向加装临时拉线，开挖基坑未回填时不应拆除临时拉线。第 8.2.2 条：杆塔作业应禁止以下行为：a）攀登杆基未完全牢固或未做好临时拉线的新立杆塔；

续表

编号	严重违章	表现形式	依据条款
7	施；架线施工前，未紧固地脚螺栓	6. 架线施工前，未对地脚螺栓采取加垫板并拧紧螺帽及打毛丝扣的防卸措施	b）手持工器具、材料等上下杆或在杆塔上移位；c）利用绳索、拉线上下杆塔或顺杆下滑
8	有限空间作业未执行“先通风、再检测、后作业”要求；未正确设置监护人；未配置或不	1. 有限空间作业前未通风或气体检测浓度高于《国家电网有限公司有限空间作业安全工作规定》附录7规定要求（详见附件1）。 2. 有限空间作业未在入口设置监护人或监护人擅离职守。 3. 未根据有限空间作业的特点和应急预案、现场处置方案，配备使用气体检测仪、呼吸器、通风机等安全防护装备和应急救援装备；当作业现场无法通过目视、喊话等方式进行沟通时，未配备对讲机；在	**《国家电网公司关于印发生产现场作业“十不干”的通知》**第九条：有限空间内气体含量未经检测或检测不合格的不干。 **《国家电网有限公司电力安全工作规程　第8部分：配电部分》**第8.1.5条：在下水道、煤气管线、潮湿地、垃圾堆或有腐质物等附近挖坑时，应检测有毒气体及可燃气体的含量是否超标并设监护人。在挖深超过2m的坑内工作时，应采取安全措施，如戴防毒面具、向坑中送风和持续检测等。监护人应密切注意挖坑人员，防止煤气、硫化氢等有毒气体中毒及沼气等可燃气体爆炸。 第12.2.2条：进入电缆井、电缆隧道前，应先用吹风机排除浊气，再用气体检测仪检查井内或隧道内的易燃易爆及有毒气体的含量是否超标，并做好记录。 第14.1.4条：进入电缆井、电缆隧道前，应先用吹风机排除浊气，再用气体检测仪检查井内或隧道内的易燃易爆及有毒气体的含量是否超标，并做好记录。

续表

编号	严重违章	表现形式	依据条款
8	正确使用安全防护装备、应急救援装备	可能进入有害环境时，未配备满足作业安全要求的隔绝式或过滤式呼吸防护用品	第 14.1.6 条：在电缆隧道内巡视时，作业人员应携带便携式气体检测仪，通风不良时还应携带正压式空气呼吸器。 第 14.1.7 条：电缆沟的盖板开启后，应自然通风一段时间；下井沟工作前，应经检测合格
9	多小组工作，工作负责人未得到所有小组负责人工作结束的汇报，就与工作许可人办理工作终结手续	多小组工作，工作负责人未得到所有小组负责人工作结束的汇报，就与工作许可人办理工作终结手续	**《国家电网有限公司电力安全工作规程　第 8 部分：配电部分》**第 5.7.3 条：多小组工作，工作负责人在与工作许可人办理工作终结手续前，应得到所有小组负责人工作结束的汇报
10	应履行工作许可手续，未经工作许可（包括在客户侧工作时，未获客户许可），即开始工作	1. 公司系统电网生产作业未经调度管理部门或设备运维管理单位许可，擅自开始工作。 2. 在用户管理的变电站或其他设备上工作时未经用户许可，擅自开始工作。	**《国家电网公司关于印发生产现场作业“十不干”的通知》**第一条：无票的不干。 **《国家电网有限公司电力安全工作规程　第 8 部分：配电部分》**第 5.3.9.12 条：需要进入变电站或发电厂升压站进行架空线路、电缆等工作时，应增填工作票份数（按许可单位确定数量），分别经变电站或发电厂等设备运维管理单位的工作许可人许可，并留存。

续表

编号	严重违章	表现形式	依据条款
10		3. 在客户侧营销现场作业，未经供电方许可人和客户方许可人共同对工作票或现场作业工作卡进行许可	第 5.3.9.13 条：在原工作票的停电及安全措施范围内增加工作任务时，应由工作负责人征得工作票签发人和工作许可人同意，并在工作票上增填工作项目。若需变更或增设安全措施，应填用新的工作票，并重新履行签发、许可手续。 第 5.3.9.15 条：在配电线路、设备上进行公司系统的非电气专业工作（如电力通信工作等），应执行工作票制度。 第 5.4.5 条：工作负责人发出开始工作的命令前，应得到全部工作许可人的许可，完成由其负责的安全措施，并确认工作票所列当前工作所需的安全措施已全部完成。工作负责人发出开始工作的命令发后，应在工作票上签名，记录开始工作时间。 第 5.4.6 条：带电作业需要停用重合闸（含已处于停用状态的重合闸），应向值班调控人员或运维人员申请并履行工作许可手续。 第 5.4.8 条：用户侧设备检修，需电网侧设备配合停电时，停电操作前应得到用户停送电联系人的书面申请，并经批准。在电网侧设备停电措施实施后，由电网侧设备的运维管理单位或调度控制中心负责向用户停送电联系人许可。恢复送电前，应接到用户停送电联系人的工作结束报告，做好录音并记录

续表

编号	严重违章	表现形式	依据条款
11	同一工作负责人同时执行多张工作票	同一工作负责人同时参与多个作业现场工作	**《国家电网有限公司电力安全工作规程　第 8 部分：配电部分》**第 5.3.9.8 条：一个工作负责人不能同时执行多张工作票。若一张工作票下设多个小组工作，工作负责人应指定每个小组的小组负责人（监护人），并使用配电工作任务单（见附录 G）
12	存在高坠、物体打击风险的作业现场，人员未佩戴安全帽	进入作业现场应佩戴安全帽时，未佩戴安全帽	**《国家电网有限公司电力安全工作规程　第 8 部分：配电部分》**第 4.1.8 条：正确佩戴和使用劳动防护用品。进入作业现场应正确佩戴安全帽，现场作业人员还应穿全棉长袖工作服、绝缘鞋
13	使用达到报废标准的或应试未试的安全工器具	使用的个体防护装备、绝缘安全工器具、登高工器具等专用工具和器具存在以下问题： 1. 外观检查明显损坏或零部件缺失影响工器具防护功能； 2. 超过有效使用期限； 3. 试验或检验结果不符合国家或行业标准； 4. 超出检验周期或检验时间涂改、无法辨认； 5. 无有效检验合格证或检验报告	**《国家电网公司关于印发生产现场作业“十不干”的通知》**第六条：现场安全措施布置不到位、安全工器具不合格的不干。 **《国家电网有限公司电力安全工作规程　第 8 部分：配电部分》**第 16.1.2 条：现场使用的机具、电力安全工器具应经检验合格。 **《国家电网有限公司电力安全工器具管理规定》**（国家电网企管〔2023〕55 号）第三十五条：报废的安全工器具应及时清理，不得与合格的安全工器具存放在一起，严禁使用报废的安全工器具

续表

编号	严重违章	表现形式	依据条款
14	漏挂接地线或漏合接地开关	1. 工作票所列的接地安全措施未全部完成即开始工作（同一张工作票多个作业点依次工作时，工作地段的接地安全措施未全部完成即开始工作）。 2. 配合停电的线路未按以下要求装设接地线： （1）交叉跨越、邻近线路在交叉跨越或邻近线路处附近装设接地线； （2）配合停电的同杆（塔）架设配电线路装设接地线与检修线路相同	**《国家电网有限公司电力安全工作规程 第 8 部分：配电部分》**第 6.4.1 条：当验明确已无电压后，应立即将检修的高压配电线路和设备接地并三相短路，工作地段各端和工作地段内有可能反送电的各分支线都应接地。 第 6.4.2 条：配合停电的交叉跨越或邻近线路，在线路的交叉跨越或邻近处附近应装设一组接地线。配合停电的同杆（塔）架设线路装设接地线要求与检修线路相同。 第 6.4.8 条：当验明检修的低压配电线路、设备确已无电压后，至少应采取以下措施之一防止反送电： a）所有相线和中性线（零线）接地并短路； b）绝缘遮蔽； c）在断开点加锁、悬挂“禁止合闸，有人工作!”或“禁止合闸，线路有人工作!”的标示牌，或派人看守。 第 6.4.9 条：作业人员应在接地线的保护范围内作业。不应在无接地线或接地线装设不齐全的情况下进行高压检修作业
15	立起的杆塔未回填夯实就撤去拉绳及叉杆	立起的杆塔未回填夯实就撤去拉绳及叉杆	**《国家电网有限公司电力安全工作规程 第 8 部分：配电部分》**第 8.3.13 条：已经立起的杆塔，回填夯实后方可撤去拉绳及叉杆

续表

编号	严重违章	表现形式	依据条款
16	杆塔上有人时，调整或拆除拉线	杆塔上有人时，调整或拆除拉线	**《国家电网有限公司电力安全工作规程　第 8 部分：配电部分》**第 8.2.6 条：调整杆塔倾斜、弯曲、拉线受力不均时，应根据需要设置临时拉线及其调节范围，并应有专人统一指挥。杆塔上有人工作时，不应调整或拆除拉线
17	放线、紧线与撤线时，作业人员站在或跨在已受力的牵引绳、导线的内角侧，展放的导线圈内以及牵引绳或架空线的垂直下方	放线、紧线与撤线时，作业人员站在或跨在已受力的牵引绳、导线的内角侧，展放的导线圈内以及牵引绳或架空线的垂直下方	**《国家电网有限公司电力安全工作规程　第 8 部分：配电部分》**第 8.4.7 条：放线、紧线与撤线时，作业人员不应站在或跨在已受力的牵引绳、导线的内角侧，展放的导线圈内以及牵引绳或架空线的垂直下方
18	高处作业、攀登或转移作业位置时失去保护	1. 高处作业未搭设脚手架、使用高空作业车、升降平台或采取其他防止坠落措施。 2. 在没有脚手架或者在没有栏杆的脚手架上工作，高度超过 1.5m 时，未用安全带或采取其他可靠的安全措施。	**《国家电网公司关于印发生产现场作业“十不干”的通知》**第八条：高处作业防坠落措施不完善的不干。 **《国家电网有限公司电力建设安全工作规程　第 2 部分：线路》**第 7.1.1.5 条：高处作业时，作业人员应正确使用安全带；第 7.1.1.6 条：高处作业时，宜使用坠

续表

编号	严重违章	表现形式	依据条款
18		3. 在屋顶及其他危险的边沿工作，临空一面未装设安全网或防护栏杆或作业人员未使用安全带。 4. 杆塔上水平转移时未使用水平绳或设置临时扶手，垂直转移时未使用速差自控器或安全自锁器等装置	落悬挂式安全带，并应采用速差自控器等后备防护设施。安全带及后备防护设施应固定在构件上，应高挂低用。高处作业过程中，应随时检查安全带绑扎的牢固情况；第 7.1.1.9 条：高处作业人员在攀登或转移作业位置时不得失去保护。杆塔上水平转移时应使用水平绳或设置临时扶手，垂直转移时应使用速差自控器或安全自锁器等装置。杆塔设计时应提供安全保护设施的安装用孔或装置
19	在一级动火区域内使用二级动火工作票	在一级动火区作业时填用二级动火工作票	**《国家电网公司关于印发生产现场作业“十不干”的通知》**第一条：无票的不干。 **《国家电网公司电力安全工作规程　变电部分》**第 16.6.2 条、**《国家电网公司电力安全工作规程　线路部分》**第 16.6.2 条、**《国家电网有限公司电力安全工作规程　第 8 部分：配电部分》**第 17.2.2 条：在防火重点部位或场所以及不应明火区动火作业，应填用动火工作票，其方式有下列两种：a）在一级动火区动火作业，应填用配电一级动火工作票（见附录 L）；b）在二级动火区动火作业，应填用配电二级动火工作票（见附录 M）。

续表

编号	严重违章	表现形式	依据条款
19			**《国家电网有限公司电力建设安全工作规程　第 1 部分：变电》**第 5.3.3 条、**《国家电网有限公司电力建设安全工作规程　第 2 部分：线路》**第 5.3.3 条：施工作业前，四级及以下风险的施工作业填写输变电工程施工作业票 A，三级及以上风险的施工作业填写输变电工程施工作业票 B。 **《国家电网有限公司水电工程施工安全风险辨识、评估及预控措施管理办法》**第十六条：三级及以上风险作业前，在施工安全风险等级识别与动态评估基础上，都要先行办理安全施工作业票

Ⅱ类严重违章（25 条）

编号	严重违章	表现形式	依据条款
20	在带电设备附近作业前未计算校核安全距离；作业安全距离不够且未采取有效措施	1. 同杆架设或跨域低压线路作业时，与低压导线安全距离不足。	**《国家电网有限公司电力安全工作规程　第 8 部分：配电部分》**第 8.3.12 条：在带电线路、设备附近立、撤杆塔，杆塔、拉线、临时拉线应与带电线路、设备保持表 3 所规定的安全距离，且应有防止立、撤杆过程中拉线跳动和杆塔倾斜接近带电导线的措施。第 8.4.8 条：放、撤导线应有人监护，注意与高压导线的安全距离，并采取措施防止与低压带电线路接触。

续表

编号	严重违章	表现形式	依据条款
20		2. 起重作业时，起重机械与导线的安全距离不足	**《国家电网有限公司关于防治安全事故重复发生实施输变电工程施工安全强制措施的通知》**（国家电网基建〔2020〕407 号）“三算”：1.拉线必须经过计算校核；2.地锚必须经过计算校核；3.临近带电体作业安全距离必须经过计算校核
21	擅自开启高压开关柜门、检修小窗，擅自移动绝缘挡板	擅自开启高压开关柜门、检修小窗，擅自移动绝缘挡板	**《国家电网有限公司电力安全工作规程　第 8 部分：配电部分》**第 6.5.4 条：高压开关柜内手车开关拉出后，隔离带电部位的挡板应可靠封闭，不应开启，并设置“止步，高压危险！”标示牌
22	在带电设备周围使用钢卷尺、金属梯等禁止使用的工器具	1. 在带电设备周围使用钢卷尺、皮卷尺和线尺（夹有金属丝者）进行测量工作。 2. 在变、配电站（开关站）的带电区域内或临近带电设备处，使用金属梯子、金属脚手架等	**《国家电网有限公司电力安全工作规程　第 8 部分：配电部分》**第 9.3.6 条：在带电设备周围使用工器具及搬动梯子、管子等长物，应满足安全距离要求。在带电设备周围不应使用钢卷尺、皮卷尺和线尺（夹有金属丝者）进行测量
23	两个及以上专业、单位参与的改造、扩建、检修等综合性	涉及多专业、多单位或多专业综合性的二级及以上风险作业，上级单位未成立由副总师以上领导担任负责人、相关单	**《中华人民共和国安全生产法》**第四十八条：两个以上生产经营单位在同一作业区域内进行生产经营活动，可能危及对方生产安全的，应当签订安全生产管理协议，明确各自的安全生产管理职责和应当采取的安全措施，

续表

编号	严重违章	表现形式	依据条款
23	作业，未成立由上级单位领导任组长，相关部门、单位参加的现场作业风险管控协调组；现场作业风险管控协调组未常驻现场督导和协调风险管控工作	位或专业部门负责人参加的现场作业风险管控协调组	并指定专职安全生产管理人员进行安全检查与协调。 **《国家电网有限公司作业安全风险管控工作规定》**（国家电网企管〔2023〕55 号）第三十一条：涉及多专业、多单位的作业项目，应明确牵头责任部门或牵头单位，统筹制定管控措施。涉及多专业、多单位的重大风险作业应由上级单位成立安全风险管控组织机构，由副总师以上领导担任负责人，牵头专业部门负责同志担任常务负责人，相关单位或专业部门负责人参加，统筹制定专项管控工作方案
24	防误闭锁装置功能不完善，未按要求投入运行	1. 断路器、隔离开关和接地开关电气闭锁回路使用重动继电器。 2. 机械闭锁装置未可靠锁死电气设备的传动机构。 3. 微机防误装置（系统）主站远方遥控操作、就地操作未实现强制闭锁功能。 4. 就地防误装置不具备高压电气设备及其附属装置就地操作机构的强制闭锁功能。	**《国家电网有限公司防止电气误操作安全管理规定》**（国家电网安监〔2018〕1119 号）第 3.4.5 条：正常情况下，防误装置严禁解锁或退出运行。第 3.4.6 条：特殊情况下，防误装置解锁应执行下列规定：（1）若遇危及人身、电网和设备安全等紧急情况需要解锁操作，可由变电运维班当值负责人或发电厂当值值长下令紧急使用解锁工具（钥匙），解锁工具（钥匙）使用后应及时填写相关记录。（2）防误装置及电气设备出现异常要求解锁操作，应经运维管理部门防误操作装置专责人或运维管理部门指定并经书面公布的人员到现场核实无误并签字后，由变电站运维人员告知当值调控人员，方可使用解锁工具（钥匙），并在运维人员监护下

续表

编号	严重违章	表现形式	依据条款
24		5. 高压开关柜带电显示装置未接入“五防”闭锁回路，未实现与接地开关或柜门（网门）的联锁。 6. 防误闭锁装置未与主设备同时设计、同时安装、同时验收投运；新建、改（扩）建变电工程或主设备经技术改造后，防误闭锁装置未与主设备同时投运	操作。不得使用万能钥匙或一组密码全部解锁等解锁工具（钥匙）。 第 4.3 条：通用技术原则 第 4.3.1 条：电气设备操作控制功能可按远方操作、站控层、间隔层、设备层的分层操作原则考虑。无论设备处在哪一层操作控制，都应具备防误闭锁功能。 第 4.3.2 条：防误系统应具有覆盖全站电气设备及各类操作的“五防”闭锁功能，且满足“远方”和“就地”（包括就地手动）操作均具备防误闭锁功能。 第 4.3.3 条：防误装置的结构应满足防尘、防蚀、不卡涩、防干扰、防异物开启和户外防水、耐高低温要求。 第 4.3.4 条：防误装置不得影响所配设备的操作要求，并与所配设备的操作位置相对应。防误装置应不影响断路器、隔离开关等设备的主要技术性能（如合闸时间、分闸时间、分合闸速度特性、操作传动方向角度等）；微机防误装置应不影响或干扰继电保护、自动装置和通信设备的正常工作。 第 4.3.5 条：防误装置使用的直流电源应与继电保护、控制回路的电源分开；防误主机的交流电源应是不间断供电电源。 第 4.3.6 条：高压电气设备的防误装置应有专用的解锁工具（钥匙），防误系统对专用的解锁工具（钥匙）应具有管理与解锁监测功能

续表

编号	严重违章	表现形式	依据条款
25	随意解除闭锁装置，或擅自使用解锁工具（钥匙）	1. 正常情况下，防误装置解锁或退出运行。 2. 特殊情况下，防误装置解锁未执行下列规定： （1）若遇危及人身、电网和设备安全等紧急情况需要解锁操作，可由变电运维班当值负责人或发电厂当值值长下令紧急使用解锁工具（钥匙）； （2）防误装置及电气设备出现异常要求解锁操作，应经运维管理部门防误操作装置专责人或运维管理部门指定并经书面公布的人员到现场核实无误并签字后，由变电站运维人员告知当值调控人员，方可使用解锁工具（钥匙），并在运维人员监护下操作。不得使用万能钥匙或一组密码全部解锁等解锁工具（钥匙）	**《国家电网有限公司电力安全工作规程　第 8 部分：配电部分》**第 7.2.3.3 条：配电设备的防误操作闭锁装置不应随意退出运行，停用防误操作闭锁装置应经工区批准；短时间退出防误操作闭锁装置，由配电运维班班长批准，并应按程序尽快投入。 **《国家电网有限公司防止电气误操作安全管理规定》**（国家电网安监〔2018〕1119 号）第 3.4 条：防误装置解锁管理。第 3.4.4 条：任何人不得随意解除闭锁装置，禁止擅自使用解锁工具（钥匙）或扩大解锁范围。第 3.4.5 条：正常情况下，防误装置严禁解锁或退出运行

续表

编号	严重违章	表现形式	依据条款
26	继电保护、直流控保、稳控装置等定值计算、调试错误，误动、误碰、误（漏）接线	继电保护、直流控保、稳控装置等定值计算、调试错误，误动、误碰、误（漏）接线	**《国家电网有限公司十八项电网重大反事故措施（修订版）》**（国家电网设备〔2018〕979号）第15.4.1条：严格执行继电保护现场标准化作业指导书，规范现场安全措施，防止继电保护“三误”事故。 第15.5条：定值管理应注意的问题 第15.5.1条：依据电网结构和继电保护配置情况，按相关规定进行继电保护的整定计算。 第15.5.2条：当灵敏性与选择性难以兼顾时，应首先考虑以保灵敏度为主，防止保护拒动，并备案报主管领导批准。 第15.5.3条：宜设置不经任何闭锁的、长延时的线路后备保护。 第15.5.4条：中、低压侧为110kV及以下电压等级且中、低压侧并列运行的变压器，中、低压侧后备保护应第一时限跳开母联或分段断路器，缩小故障范围。 第15.5.5条：对发电厂继电保护整定计算的要求如下： 第15.5.5.1条：发电厂应按相关规定进行继电保护整定计算，并认真校核与系统保护的配合关系。 第15.5.5.2条：发电厂应加强厂用系统的继电保护整定计算与管理，防止因厂用系统保护不正确动作，扩大事故范围。 第15.5.5.3条：发电厂应根据调控机构下发的等值参数、定值限额及配合要求等定期（至少每年）对所辖设备的整定值进行全面复算和校核

续表

编号	严重违章	表现形式	依据条款
27	超允许起重量起吊	1. 起重设备、吊索具和其他起重工具的工作负荷，超过铭牌规定。 2. 没有制造厂铭牌的各种起重机具，未经查算及荷重试验使用。 3. 特殊情况下需超铭牌使用时，未经过计算和试验，未经本单位分管生产的领导或总工程师批准	**《国家电网有限公司电力安全工作规程　第 8 部分：配电部分》**第 18.1.5 条：起重设备、吊索具和其他起重工具的工作负荷，不应超过铭牌规定
28	约时停、送电；带电作业约时停用或恢复重合闸	1. 电力线路或电气设备的停、送电未按照值班调控人员或工作许可人的指令执行，采取约时停、送电的方式进行倒闸操作。 2. 需要停用重合闸或直流线路再启动功能的带电作业未由值班调控人员履行许可手续，采取约时方式停用或恢复重合闸或直流线路再启动功能	**《国家电网有限公司电力安全工作规程　第 8 部分：配电部分》**第 11.2.6 条：带电作业有下列情况之一者，应停用重合闸，并不应强送电：a）中性点有效接地的系统中有可能引起单相接地的作业；b）中性点非有效接地的系统中有可能引起相间短路的作业；c）工作票签发人或工作负责人认为需要停用重合闸的作业。不应约时停用或恢复重合闸

续表

编号	严重违章	表现形式	依据条款
29	带电作业使用非绝缘绳索（如：棉纱绳、白棕绳、钢丝绳）	带电作业时，使用的绳索为棉纱绳、白棕绳、钢丝绳等非绝缘绳索	**《国家电网有限公司电力安全工作规程　第 8 部分：配电部分》**第 8.6.2 条：工作中，应使用绝缘无极绳索，风力不应超过 5 级，并设人监护。第 11.2.11 条：带电作业时不应使用非绝缘绳索（如棉纱绳、白棕绳、钢丝绳等）
30	跨越带电线路展放导（地）线作业，跨越架、封网等安全措施均未采取	交叉跨越各种线路、铁路、公路、河流等地方放线、撤线，未先取得有关主管部门同意，且跨越架搭设、封航、封路时没有在路口设专人持信号旗看守等安全措施	**《国家电网有限公司电力安全工作规程　第 8 部分：配电部分》**第 8.4.2 条：在交叉跨越各种线路、铁路、公路、河流等地方放线、撤线，应先取得有关主管部门同意，做好跨越架搭设、封航、封路、在路口设专人持信号旗看守等安全措施
31	操作没有机械传动的断路器（开关）、隔离开关（刀闸）或跌落式熔断器，未使用绝缘棒	操作没有机械传动的断路器（开关）、隔离开关（刀闸）或跌落式熔断器，未使用绝缘棒	**《国家电网有限公司电力安全工作规程　第 8 部分：配电部分》**第 7.2.6.10 条：操作机械传动的断路器（开关）或隔离开关（刀闸）时，应戴绝缘手套。操作没有机械传动的断路器（开关）、隔离开关（刀闸）或跌落式熔断器，应使用绝缘棒。雨天室外高压操作，应使用有防雨罩的绝缘棒，并穿绝缘靴、戴绝缘手套

续表

编号	严重违章	表现形式	依据条款
32	非绝缘工器具、材料直接接触或接近架空绝缘导线；装、拆接地线时人体碰触未接地的导线	1. 装设、拆除接地线时未手握绝缘手柄或未佩戴绝缘手套。 2. 装设、拆除接地线时未按照正确的顺序进行操作，导致身体误碰未接地的导线	**《国家电网有限公司电力安全工作规程　第 8 部分：配电部分》**第 6.4.6 条：装设、拆除接地线均应使用绝缘棒并戴绝缘手套，人体不应碰触接地线或未接地的导线。第 8.5.1 条：架空绝缘导线不应视为绝缘设备，作业人员或非绝缘工器具、材料不应直接接触或接近。架空绝缘导线与裸导线线路的作业安全要求相同
33	配合停电的交叉跨越或邻近线路，在线路的交叉跨越或邻近处附近未装设接地线	作业现场遇有配合停电的交叉跨越或邻近线路，在线路的交叉跨越或邻近处附近未装设接地线	**《国家电网有限公司电力安全工作规程　第 8 部分：配电部分》**第 6.4.2 条：配合停电的交叉跨越或邻近线路，在线路的交叉跨越或邻近处附近应装设一组接地线。配合停电的同杆（塔）架设线路装设接地线要求与检修线路相同
34	作业人员穿越未停电接地或未采取隔离措施的低压绝缘导线进行工作	同杆架设作业时作业人员穿越未停电接地或未采取隔离措施的低压绝缘导线进行工作	**《国家电网有限公司电力安全工作规程　第 8 部分：配电部分》**第 10.2.4 条：高低压同杆（塔）架设，在下层低压带电导线未采取绝缘隔离措施或未停电接地时，作业人员不应穿越

续表

编号	严重违章	表现形式	依据条款
35	倒闸操作前不核对设备名称、编号、位置，不执行监护复诵制度或操作时漏项、跳项	倒闸操作前不核对设备名称、编号、位置，不执行监护复诵制度或操作时漏项、跳项	**《国家电网有限公司电力安全工作规程　第 8 部分：配电部分》**第 7.2.6.1 条：倒闸操作前，应核对线路名称、设备双重名称和状态。 第 7.2.6.2 条：现场倒闸操作应执行唱票、复诵制度，宜全过程录音。操作人应按操作票填写的顺序逐项操作，每操作完一项，应检查确认后做一个“√”记号，全部操作完毕后进行复查。复查确认后，受令人应立即汇报发令人
36	倒闸操作中不按规定检查设备实际位置，不确认设备操作到位情况	1. 倒闸操作后未到现场检查断路器、隔离开关、接地开关等设备实际位置并确认操作到位。 2. 无法看到实际位置时，未通过至少 2 个非同样原理或非同源指示（设备机械位置指示、电气指示、带电显示装置、仪表及各种遥测、遥信信号等）的变化进行判断确认	**《国家电网有限公司电力安全工作规程　第 8 部分：配电部分》**第 7.2.6.7 条：配电设备操作后的位置检查应以设备实际位置为准；无法看到实际位置时，应通过间接方法，如设备机械位置指示、电气指示、带电显示装置、仪表及各种遥测、遥信等信号的变化来判断设备位置。确认该设备已操作到位至少应有两个非同样原理或非同源的指示发生对应变化，且所有这些确定的指示均已同时发生对应变化。检查中若发现其他任何信号有异常，均应停止操作，查明原因。若进行遥控操作，可采用上述的间接方法或其他可靠的方法判断设备位置。对部分无法采用上述方法进行位置检查的配电设备，各单位可根据自身设备情况制定检查细则

续表

编号	严重违章	表现形式	依据条款
37	在电容性设备检修前未放电并接地，或结束后未充分放电；高压试验变更接线或试验结束时未将升压设备的高压部分放电、短路接地	1. 电容性设备检修前、试验结束后未逐相放电并接地；星形接线电容器的中性点未接地。串联电容器或与整组电容器脱离的电容器未逐个多次放电；装在绝缘支架上的电容器外壳未放电；未装接地线的大电容被试设备未先行放电再做试验。 2. 高压试验变更接线或试验结束时，未将升压设备的高压部分放电、短路接地	**《国家电网有限公司电力安全工作规程　第 8 部分：配电部分》**第 13.2.7 条：变更接线或试验结束，应断开试验电源，并将升压设备的高压部分放电、短路接地。 第 14.3.1 条：电缆耐压等试验前，应先对被试电缆充分放电。加压端应采取措施防止人员误入试验场所；另一端应设置遮栏（围栏）并悬挂警告标示牌。若另一端是上杆的或是开断电缆处，应派人看守。 第 14.3.3 条：电缆试验过程中需更换试验引线时，作业人员应先戴好绝缘手套对被试电缆充分放电。 第 14.3.5 条：电缆试验结束，应对被试电缆充分放电，并在被试电缆上加装临时接地线。拆除临时接地线前，电缆终端引出线应接通
38	电缆作业现场未确认检修电缆至少有一处已可靠接地	电缆作业现场未确认检修电缆至少有一处已可靠接地	**《国家电网有限公司电力安全工作规程　第 8 部分：配电部分》**第 6.4.3 条：星形接线电容器的中性点应接地，电缆作业现场应确认检修电缆至少有一处已可靠接地
39	紧断线平移导线挂线作业未采取交替平移子导线的方式	紧断线平移导线挂线作业未采取交替平移子导线的方式	**《国家电网有限公司关于防治安全事故重复发生实施输变电工程施工安全强制措施的通知》**（国家电网基建〔2020〕407 号）“五禁止”：“紧断线平移导线挂线，禁止不交替平移子导线”

续表

编号	严重违章	表现形式	依据条款
40	放线、紧线，遇导、地线有卡、挂住现象，未松线后处理，操作人员用手直接拉、推导线	放线、紧线，遇导、地线有卡、挂住现象，未松线后处理，操作人员用手直接拉、推导线	**《国家电网有限公司电力安全工作规程　第 8 部分：配电部分》**第 8.4.6 条：放线、紧线时，遇接线头过滑轮、横担、树枝、房屋等处有卡、挂现象，应松线后处理。处理时操作人员应站在卡线处外侧，采用工具、大绳等撬、拉导线。不应用手直接拉、推导线
41	在带电线路下方进行交叉跨越档内松紧、降低或架设导线的检修及施工，未采取防止导线跳动或过牵引措施	在带电线路下方进行交叉跨越档内松紧、降低或架设导线的检修及施工，未采取防止导线跳动或过牵引措施	**《国家电网有限公司电力安全工作规程　第 8 部分：配电部分》**第 8.7.3 条：在带电线路下方进行交叉跨越档内松紧、降低或架设导线的检修及施工，应采取防止导线跳动或过牵引与带电线路接近至表 3 规定的安全距离的措施
42	动火作业超过有效期（一级动火工作票有效期超过 24h、二级动火票有效期超过 120h），未重新办理动火工作票	动火作业超过有效期（一级动火工作票有效期超过 24h、二级动火票有效期超过 120h），未重新办理动火工作票	**《电力设备典型消防规程》**第 5.3.15 条、**《国家电网有限公司电力安全工作规程　变电部分》**第 16.6.7 条、**《国家电网有限公司电力安全工作规程　线路部分》**第 16.6.7 条、**《国家电网有限公司电力安全工作规程　第 8 部分：配电部分》**第 17.2.8.1、17.2.8.2 条：一级动火工作票的有效期为 24h，二级动火工作票的有效期为 120h。动火作业超过有效期限，应重新办理动火工作票

续表

编号	严重违章	表现形式	依据条款
43	在带有压力（液体压力或气体压力）的设备上或带电的设备上焊接	在带有压力（液体压力或气体压力）的设备上或带电的设备上焊接	**《国家电网公司电力安全工作规程　变电部分》**第16.5.1 条、**《国家电网公司电力安全工作规程　线路部分》**第 16.5.1 条：不准在带有压力（液体压力或气体压力）的设备上或带电的设备上进行焊接。在特殊情况下需在带压和带电的设备上进行焊接时，应采取安全措施，并经本单位分管生产的领导（总工程师）批准。对承重构架进行焊接，应经过有关技术部门的许可。 **《国家电网有限公司电力安全工作规程　第 8 部分：配电部分》**第 17.3.1 条：不应在带有压力（液体压力或气体压力）的设备上或带电的设备上焊接
44	森林防火期内，进入森林防火区的各种机动车辆未配备灭火器材，在森林防火区内进行野外用火	森林防火期内，进入森林防火区的各种机动车辆未配备灭火器材，在森林防火区内进行野外用火	**《森林防火条例》**（中华人民共和国国务院令　第541 号）第二十五条：森林防火期内，禁止在森林防火区内野外用火。第二十六条：进入森林防火区内的各种机动车辆应当按照规定安装防火装置、配备灭火器材

续表

编号	严重违章	表现形式	依据条款
Ⅲ类严重违章（49条）			
45	将高风险作业定级为低风险	三级及以上作业风险定级低于实际风险等级	**《国家电网有限公司作业安全风险管控工作规定》**（国家电网企管〔2023〕55 号）第二十七条：作业风险定级应以每日作业计划为单元进行，同一作业计划内包含多个不同等级工作或不同类型的风险时，按就高原则定级
46	现场作业人员未经安全准入考试并合格；新进、转岗和离岗 3 个月以上电气作业人员，未经专门安全教育培训，并经考试合格上岗	1. 现场作业人员在安全生产风险管控平台中，无有效期内的准入合格记录。 2. 新进、转岗和离岗 3 个月以上电气作业人员，未经安全教育培训，并经考试合格上岗	**《国家电网有限公司电力安全工作规程　第 8 部分：配电部分》**第 4.1.1 条：经医师鉴定，无妨碍工作的病症（体格检查每两年至少一次）。 第 4.1.2 条：具备必要的安全生产知识，学会 DL/T 692 的紧急救护法，特别要掌握触电急救。 第 4.1.3 条：具备必要的电气知识和业务技能，按工作性质，熟悉本文件的相关部分，并经考试合格。 第 4.1.4 条：参与公司系统所承担电气工作的外单位或外来人员应熟悉本文件；参加工作前，应经考试合格，并经设备运维管理单位认可。作业前，设备运维管理单位应告知现场电气设备接线情况。 第 4.1.5 条：对本文件应每年考试一次。因故间断电气工作连续三个月及以上者，恢复工作前应重新学习本文件，并经考试合格。 第 4.1.6 条：特种作业人员参加工作前，应经专门的安全作业培训，考试合格，并经单位批准。

续表

编号	严重违章	表现形式	依据条款
46			第 4.1.7 条：新参加工作的人员、实习人员和临时参加劳动的人员（管理人员、非全日制用工等），下现场参加指定的工作前，应经过安全生产知识教育，且不应单独工作。 **《国家电网有限公司业务外包安全监督管理办法》**（国家电网企管〔2023〕55 号）第三十三条：公司对承包单位的作业人员实行安全准入管理。各单位每年定期组织开展安全准入考试，作业人员经准入考试合格后方可从事现场生产施工作业。对因作业需要临时新增或重新准入的进场作业人员，应采取动态考试方式实施准入
47	不具备“三种人”资格的人员担任工作票签发人、工作负责人或许可人	地市级或县级单位未每年对工作票签发人、工作负责人、工作许可人进行培训考试，合格后书面公布“三种人”名单	**《国家电网有限公司电力安全工作规程　第 8 部分：配电部分》**第 5.3.11 条：工作票所列人员的基本条件。 第 5.3.11.1 条：工作票签发人应由熟悉人员技术水平、熟悉配电网接线方式、熟悉设备情况、熟悉本文件，具有相关工作经验，并经本单位批准的人员担任，名单应公布。 第 5.3.11.2 条：工作负责人应由有本专业工作经验、熟悉工作班成员的安全意识和工作能力、熟悉工作范围内的设备情况、熟悉本文件，并经工区（车间，下同）批准的人员担任，名单应公布。

续表

编号	严重违章	表现形式	依据条款
47			第 5.3.11.3 条：工作许可人应由熟悉配电网接线方式、熟悉工作范围内的设备情况、熟悉本文件，并经工区批准的人员担任，名单应公布。工作许可人包括值班调控人员、运维人员、相关变（配）电站[含用户变（配）电站]和发电厂运维人员、配合停电线路工作许可人及现场工作许可人等。 第 5.3.11.4 条：专责监护人应由具有相关专业工作经验，熟悉工作范围内的设备情况和本文件的人员担任
48	特种设备作业人员、特种作业人员、危险化学品从业人员未依法取得资格证书	1. 涉及生命安全、危险性较大的锅炉、压力容器（含气瓶）、压力管道、电梯、起重机械、客运索道和场（厂）内专用机动车辆等特种设备作业人员，未依据《特种设备作业人员监督管理办法》（国家质量监督检验检疫总局令第 140 号）从特种设备安全监督管理部门取得特种作业人员证书。	**《特种设备作业人员监督管理办法》**（国家质量监督检验检疫总局令第 140 号）第二条：锅炉、压力容器（含气瓶）、压力管道、电梯、起重机械、客运索道、大型游乐设施、场（厂）内机动车辆等特种设备的作业人员及其相关管理人员统称特种设备作业人员。特种设备作业人员作业种类与项目目录见本办法附件。从事特种设备作业的人员应当按照本办法的规定，经考核合格取得《特种设备作业人员证》，方可从事相应的作业或者管理工作。 **《特种作业人员安全技术培训考核管理规定》**（国家安全监管总局令第 80 号令）第五条：特种作业人员必须经专门的安全技术培训并考核合格，取得《中华人民共和国特种作业操作证》（以下简称特种作业操作证）后，方可上岗作业。

续表

编号	严重违章	表现形式	依据条款
48		2. 高（低）压电工、焊接与热切割作业、高处作业、危险化学品安全作业等特种作业人员，未依据《特种作业人员安全技术培训考核管理规定》（国家安全生产监督管理总局令第 30 号）从应急、住建等部门取得特种作业操作资格证书。 3. 特种设备作业人员、特种作业人员、危险化学品从业人员资格证书未按期复审	**《国家电网有限公司特种设备安全管理办法》**（国家电网安监［2023］21 号）第十四条：特种设备作业人员应按照国家有关规定，经特种设备安全监督管理部门考核合格，取得统一格式的特种作业人员证书，方可从事相应的作业或管理工作。《特种设备作业人员证》应按期复审。 **《国家电网有限公司危险化学品安全管理办法》**［国网（安监/4）1104—2022］第十七条：安全教育培训。危险化学品单位应将危险化学品安全培训纳入年度安全教育培训计划，建立从业人员安全教育培训档案，保证从业人员具备必要的安全生产知识、安全操作技能及应急处置能力。公司总部和省公司级单位每两年组织一次危险化学品安全管理人员培训。未经安全教育培训或培训考试不合格的从业人员，不得上岗作业；对有资格要求的岗位，应依法取得相应资格，方可上岗作业
49	特种设备未依法取得使用登记证书、未经定期检验或检验不合格	特种设备未依法取得使用登记证书、未经定期检验或检验不合格	**《国家电网有限公司特种设备安全管理办法》**［国网（安监/4）1100—2022］第三十八条：特种设备使用单位应在特种设备投入使用前或投入使用后 30 日内，向当地负责特种设备安全监督管理的部门办理使用登记，取得使用登记证书，并在取得证书后的 10 个工作日内将特种设备基本信息录入特种设备管理台账。登记标志应置于该特种设备的显著位置。

续表

编号	严重违章	表现形式	依据条款
49			第四十二条：特种设备使用单位应对在用特种设备的安全附件、安全保护装置、测量调控装置及有关附属仪器仪表进行定期校验、检修，并作出记录。 第五十一条：特种设备使用单位应按照特种设备安全技术规范的定期检验要求，于每年年底前由特种设备专业管理部门制定下一年度特种设备检验检测计划，并组织实施。未经定期检验或检验不合格的特种设备，不得继续使用
50	票面（包括作业票、工作票及分票、动火票等）缺少工作负责人、工作班成员签字等关键内容	1. 工作票（包括作业票、动火票等）票种使用错误。 2. 工作票（含分票、工作任务单、动火票等）票面缺少工作许可人、工作负责人、工作票签发人、工作班成员（含新增人员）等签字信息；作业票缺少审核人、签发人、作业人员（含新增人员）等签字信息。 3. 工作票（含分票、工作任务单、动火票等）票面线路名称（含同杆多回线路双重称号）、设备双重名称填写错误；作业中工作票延期、工作负责	**《国家电网有限公司电力安全工作规程　第 8 部分：配电部分》**第 5.3.12.5 条：工作班成员:a）熟悉工作内容、工作流程，掌握安全措施，明确工作中的危险点，并在工作票上履行交底签名确认手续。 第 5.4.10 条：许可开始工作的命令，应通知工作负责人，其方法可采用：a）当面许可。工作许可人和工作负责人应在工作票上记录许可时间，并分别签名。 第 5.5.7 条：工作负责人若需长时间离开工作现场，应由原工作票签发人变更工作负责人，履行变更手续，并告知全体工作班成员及所有工作许可人。原、现工作负责人应履行必要的交接手续，并在工作票上签名确认。 第 5.4.4 条：工作许可后，工作负责人（小组负责人）应向工作班（工作小组）成员交待工作内容、人员分工、带电部位、现场安全措施和其他注意事项，告知危险点，工作班成员应履行确认手续。

续表

编号	严重违章	表现形式	依据条款
50		人变更、作业人员变动等未在票面上准确记录。 4. 工作票（含分票、工作任务单、动火票、作业票等）票面防触电、防高坠、防倒（断）杆、防窒息等重要安全技术措施遗漏或错误	第 7.2.5.4 条：操作人和监护人应根据模拟图或接线图核对所填写的操作项目，分别手工或电子签名。 第 17.2.7.2 条：采用手工方式填写动火工作票应使用黑色或蓝色的钢（水）笔或圆珠笔填写与签发，内容应正确、填写应清楚，不应任意涂改。若有个别错、漏字需要修改、补充时，应使用规范的符号，字迹应清楚。用计算机生成或打印的动火工作票应使用统一的票面格式，由工作票签发人审核无误，并手工或电子签名
51	工作负责人、工作许可人不按规定办理终结手续	工作负责人、工作许可人不按规定办理终结手续	**《国家电网有限公司电力安全工作规程　第 8 部分：配电部分》**第 5.4.3 条：现场办理工作许可手续前，工作许可人应与工作负责人核对线路名称、设备双重名称，检查核对现场安全措施，指明保留带电部位。 第 5.4.5 条：工作负责人发出开始工作的命令前，应得到全部工作许可人的许可，完成由其负责的安全措施，并确认工作票所列当前工作所需的安全措施已全部完成。工作负责人发出开始工作的命令发后，应在工作票上签名，记录开始工作时间。 第 5.7.5 条：工作终结报告应简明扼要，主要包括下列内容：工作负责人姓名，某线路（设备）上某处（说明起止杆塔号、分支线名称、位置称号、设备双重名称等）工作已经完工，所修项目、试验结果、设备改动情况和存在问题等，工作班自行装设的接地线已全部拆除，线路（设备）上已无本班组工作人员和遗留物

续表

编号	严重违章	表现形式	依据条款
52	重要工序、关键环节作业未按施工方案或规定程序开展作业；作业人员未经批准擅自改变已设置的安全措施	1. 电网建设工程施工重要工序，《国家电网有限公司输变电工程建设安全管理规定》中的重要临时设施、重要施工工序、特殊作业、危险作业及关键环节未按施工方案中作业方法、标准或规定程序开展作业。 2. 电网生产高风险作业工序［《国家电网有限公司关于进一步加强生产现场作业风险管控工作的通知》（国家电网设备［2022］89 号）各专业“检修工序风险库”］及关键环节未按方案中作业方法、标准或规定程序开展作业。 3. 二级及以上水电作业风险工序未按方案落实预控措施。 4. 未经工作负责人和工作许可人双方批准，擅自变更安全措施	**《国家电网有限公司电力安全工作规程　第 8 部分：配电部分》**第 5.4.11 条：工作负责人、工作许可人任何一方不应擅自变更运行接线方式和安全措施，工作中若有特殊情况需要变更时，应先取得对方同意，并及时恢复，变更情况应及时记录在值班日志或工作票上。 第 6.5.14 条：作业人员不应擅自移动或拆除遮栏（围栏）、标示牌。因工作原因需短时移动或拆除遮栏（围栏）、标示牌时，应经工作许可人同意后实施，且有人监护。完毕后应立即恢复。 第 14.3.2 条：电缆试验需拆除接地线时，拆除前应征得工作许可人的许可（根据调控人员指令装设的接地线，应征得调控人员的许可）。工作完毕后应立即恢复

续表

编号	严重违章	表现形式	依据条款
53	作业人员擅自穿、跨越安全围栏、安全警戒线	作业人员擅自穿、跨越隔离检修设备与运行设备的遮栏（围栏）、高压试验现场围栏（安全警戒线）、人工挖孔基础作业孔口围栏等	**《国家电网有限公司电力安全工作规程　第 8 部分：配电部分》**第 6.5.13 条：作业人员不应越过遮栏（围栏）。第 6.5.14 条：作业人员不应擅自移动或拆除遮栏（围栏）、标示牌。因工作原因需短时移动或拆除遮栏（围栏）、标示牌时，应经工作许可人同意后实施，且有人监护。完毕后应立即恢复
54	未按规定开展现场勘察或未留存勘察记录；工作票（作业票）签发人和工作负责人均未参加现场勘察	《国家电网有限公司作业安全风险管控工作规定》附录 5“需要现场勘察的典型作业项目”（详见附件 4）未组织现场勘察或未留存勘察记录	**《国家电网有限公司电力安全工作规程　第 8 部分：配电部分》**第 5.2 条：现场勘察制度。 第 5.2.1 条：工作票签发人或工作负责人认为有必要现场勘察的配电检修（施工）作业和用户工程、设备上的工作，应根据工作任务组织现场勘察，并填写现场勘察记录（见附录 A）。 第 5.2.2 条：现场勘察应由工作票签发人或工作负责人组织，工作负责人、设备运维管理单位（用户单位）和检修（施工）单位相关人员参加。对涉及多专业、多部门、多单位的作业项目，应由项目主管部门、单位组织相关人员共同参与。 第 5.2.3 条：现场勘察应查看检修（施工）作业需要停电的范围、保留的带电部位、装设接地线的位置、邻近线路、交叉跨越、多电源、自备电源、有可能反送电的设备和分支线、地下管线设施和作业现场的条件、环

续表

编号	严重违章	表现形式	依据条款
54			境及其他影响作业的危险点，并提出针对性的安全措施和注意事项。 第 5.2.4 条：现场勘察后，现场勘察记录应送交工作票签发人、工作负责人及相关各方，作为填写、签发工作票等的依据。对危险性、复杂性和困难程度较大的作业项目，应制订有针对性的施工方案。 第 5.2.5 条：开工前，工作负责人或工作票签发人应重新核对现场勘察情况，发现与原勘察情况有变化时，应修正、完善相应的安全措施
55	三级及以上风险作业管理人员（含监理人员）未到岗到位进行管控	一级风险作业，相关地市公司级单位或建设管理单位副总师及以上领导未到岗到位；省公司级单位专业管理部门未到岗到位	**《国家电网有限公司作业安全风险管控工作规定》**（国家电网企管〔2023〕55 号）第四十六条：各级单位应建立健全现场到岗到位管理制度机制，细化到岗到位标准和工作内容，加强对作业高风险工序期间现场组织管理、人员责任和管控措施落实情况检查。（一）三级风险作业，相关地市供电公司级单位或建设管理单位专业管理部门人员、县供电公司级单位、二级机构负责人或专业管理部门人员应到岗到位。（二）二级及以上风险作业，相关地市供电公司级单位或建设管理单位副总师及以上领导、专业管理部门负责人或省电力公司级单位专业管理部门人员应到岗到位。 各单位、专业到岗到位要求不得低于上述标准，专业部门对作业现场到岗到位有特殊要求的按其专业制度管控要求执行

续表

编号	严重违章	表现形式	依据条款
56	安全风险管控监督平台上的作业开工状态与实际不符；作业现场未布设与安全风险管控监督平台作业计划绑定的视频监控设备，或视频监控设备未开机、未拍摄现场作业内容	安全风险管控平台上的作业开工状态与实际不符；作业现场未布设与安全风险管控平台作业计划绑定的视频监控设备，或视频监控设备未开机、未拍摄现场作业内容	**《国家电网有限公司安全管控中心工作规范（试行）》**（安监二〔2019〕60 号）第十四条：作业现场视频监控设备应满足以下要求：（一）视频监控设备应设置在牢固、不易被碰撞、不影响作业的位置，确保能覆盖整个作业现场，不得遮挡、损毁视频设备，不得阻碍视频信息上传。（二）作业全过程应保证视频监控设备连续稳定运行，不得无故中断。对于多点作业的现场应使用多台设备，对存在较大安全风险的作业点进行重点监控。 **《国家电网有限公司作业安全风险管控工作规定》**（国家电网企管〔2023〕55 号）第四十二条：作业开始前，工作负责人应提前做好准备工作。按要求装设远程视频督查、数字化安全管控智能终端等设备，并通过移动作业 App 与作业计划关联；若现场因信号、作业环境不具备条件的，应及时向上级安全监督管理部门报备
57	未经批准，擅自将自动灭火装置、火灾自动报警装置退出运行	未经批准，擅自将自动灭火装置、火灾自动报警装置退出运行	**《中华人民共和国消防法》**第六十条：单位违反本法规定，有下列行为之一的，责令改正，处五千元以上五万元以下罚款：（二）损坏、挪用或者擅自拆除、停用消防设施、器材的；个人有前款第二项、第三项、第四项、第五项行为之一的，处警告或者五百元以下罚款

续表

编号	严重违章	表现形式	依据条款
57			**《电力设备典型消防规程》**第 6.3.2 条：消防设施应处于正常工作状态。不得损坏、挪用或者擅自拆除、停用消防设施、器材。消防设施出现故障，应及时通知单位有关部门，尽快组织修复。因工作需要临时停用消防设施或移动消防器材的，应采取临时措施和事先报告单位消防管理部门，并得到本单位消防安全责任人的批准，工作完毕后应及时恢复
58	在易燃易爆或禁火区域携带火种、使用明火、吸烟；未采取防火等安全措施在易燃物品上方进行焊接，下方无监护人	在易燃易爆或禁火区域携带火种、使用明火、吸烟；未采取防火等安全措施在易燃物品上方进行焊接，下方无监护人	**《中华人民共和国消防法》**第二十一条：禁止在具有火灾、爆炸危险的场所吸烟、使用明火。因施工等特殊情况需要使用明火作业的，应当按照规定事先办理审批手续，采取相应的消防安全措施；作业人员应当遵守消防安全规定。进行电焊、气焊等具有火灾危险作业的人员和自动消防系统的操作人员，必须持证上岗，并遵守消防安全操作规程。 **《国家电网有限公司电力安全工作规程　第 8 部分：配电部分》**第 17.2.11.5 条：动火作业应有专人监护，动火作业前应清除动火现场及周围的易燃物品，或采取其他有效的防火安全措施，配备足够适用的消防器材

续表

编号	严重违章	表现形式	依据条款
59	动火作业前，未将盛有或盛过易燃易爆等化学危险物品的容器、设备、管道等生产、储存装置与生产系统隔离，未清洗置换，未检测可燃气体（蒸汽）含量，或可燃气体（蒸汽）含量不合格即动火作业	动火作业前，未将盛有或盛过易燃易爆等化学危险物品的容器、设备、管道等生产、储存装置与生产系统隔离，未清洗置换，未检测可燃气体（蒸汽）含量，或可燃气体（蒸汽）含量不合格即动火作业	**《国家电网有限公司电力安全工作规程　第 8 部分：配电部分》**第 17.2.11.4 条：凡盛有或盛过易燃易爆等化学危险物品的容器、设备、管道等生产、储存装置，在动火作业前应将其与生产系统彻底隔离，并进行清洗置换，检测可燃气体、易燃液体的可燃蒸汽含量合格
60	使用金具 U 型环代替卸扣；使用普通材料的螺栓取代卸扣销轴	使用金具 U 型环代替卸扣；使用普通材料的螺栓取代卸扣销轴	**《国家电网有限公司电力建设安全工作规程　第 2 部分：线路》**第 8.3.6.5 条：不得使用金具 U 型环代替卸扣，不得用普通材料的螺栓取代卸扣销轴
61	使用起重机作业时，吊物上站人，作业人员利用吊钩上升或下降	使用起重机作业时，吊物上站人，作业人员利用吊钩上升或下降	**《国家电网有限公司电力安全工作规程　第 8 部分：配电部分》**第 18.2.12 条：作业时，吊物上不应站人，作业人员不应利用吊钩来上升或下降

续表

编号	严重违章	表现形式	依据条款
62	吊车未安装限位器	吊车未安装限位器	**《国家电网有限公司电力安全工作规程　第 8 部分：配电部分》**第 16.1.3 条：机具的各种监测仪表以及制动器、限位器、安全阀、闭锁机构等安全装置应完好
63	自制施工工器具未经检测试验合格	自制或改造起重滑车、卸扣、切割机、液压工器具、手扳（链条）葫芦、卡线器、吊篮等工器具，未经有资质的第三方检验机构检测试验，无试验合格证或试验合格报告	**《国家电网有限公司电力安全工作规程　第 8 部分：配电部分》**第 16.1.2 条：现场使用的机具、电力安全工器具应经检验合格。第 16.6.2.1 条：电力安全工器具应通过国家、行业标准规定的型式试验，以及出厂试验和预防性试验。第 16.6.2.2 条：应进行预防性试验的电力安全工器具如下：a）规程要求试验的电力安全工器具；b）新购置和自制的电力安全工器具使用前；c）检修后或关键零部件已更换的电力安全工器具；d）对机械、绝缘性能产生疑问或发现缺陷的电力安全工器具；e）发现质量问题的同批次电力安全工器具
64	绞磨、卷扬机放置不稳；锚固不可靠；受力前方有人；拉磨尾	1. 绞磨、卷扬机未放置在平整、坚实、无障碍物的场地上。 2. 绞磨、卷扬机锚固在树木或外露岩石等承力大小不明物体上；地锚、拉线设置不满足现场实际受力安全要求。	**《国家电网有限公司电力安全工作规程　第 8 部分：配电部分》**第 16.2.1.1 条：绞磨应放置平稳，锚固应可靠，受力前方不应有人，锚固绳应有防滑动措施，并可靠接地。第 16.2.1.2 条：作业前应检查和试车，确认安置稳固、运行正常、制动可靠。第 16.2.1.3 条：作业时

续表

编号	严重违章	表现形式	依据条款
64	绳人员位于锚桩前面或站在绳圈内	3. 绞磨、卷扬机受力前方有人。 4. 拉磨尾绳人员位于锚桩前面或站在绳圈内	不应向滑轮上套钢丝绳，不应在卷筒、滑轮附近用手触碰运行中的钢丝绳，不应跨越行走中的钢丝绳，不应在导向滑轮的内侧逗留或通过
65	劳务分包单位自备施工机械设备或安全工器具	劳务分包单位自备施工机械设备或安全工器具	**《国家电网有限公司业务外包安全监督管理办法》**（国家电网企管〔2023〕55 号）第四十九条：采取劳务外包或劳务分包的项目，所需施工作业安全方案、工作票（作业票）、机具设备及工器具等应由发包方负责，并纳入本单位班组统一进行作业的组织、指挥、监护和管理
66	作业现场视频监控终端无存储卡或不满足存储要求	1. 作业现场视频监控终端无存储卡。 2. 作业现场视频终端存储功能不满足以下要求： （1）存储卡容量不低于256G； （2）具备终端开关机、视频读写等信息记录功能，并能够回传安全生产风险管控平台	**《国网安监部关于规范作业现场视频存储工作的通知》**（安监二〔2022〕27 号） 1. 各单位作业现场视频监控终端均应配备存储卡，容量不低于 256G，2022 年 7 月 15 日之前，完成存量视频监控终端存储卡配置工作。 2. 各单位要完善作业现场视频监控终端采购技术条件，新购置终端应内置不低于 256G 存储容量，具备终端开关机、视频读写等信息记录功能，并能够回传安全风险管控监督平台

续表

编号	严重违章	表现形式	依据条款
67	金属封闭式开关设备未按照国家、行业标准设计制造压力释放通道	金属封闭式开关设备未按照国家、行业标准设计制造压力释放通道	**《国家电网有限公司十八项电网重大反事故措施（修订版）》**（国家电网设备〔2018〕979 号）第 12.4.1.5 条：开关柜各高压隔室均应设有泄压通道或压力释放装置。当开关柜内产生内部故障电弧时，压力释放装置应能可靠打开，压力释放方向应避开巡视通道和其他设备。第 12.4.2.2 条：开关柜应检查泄压通道或压力释放装置，确保与设计图纸保持一致。对泄压通道的安装方式进行检查，应满足安全运行要求
68	设备无双重名称，或名称及编号不唯一、不正确、不清晰	1. 设备无双重名称。 2. 线路无名称及杆号，同塔多回线路无双重称号。 3. 设备名称及编号、线路名称或双重称号不唯一、不正确、无法辨认	**《国家电网有限公司电力安全工作规程　第 8 部分：配电部分》**第 7.2.4.1 条：倒闸操作应根据值班调控人员或运维人员的指令，受令人复诵或核对无误后执行。发布指令应准确、清晰，使用规范的调度术语和线路名称、设备双重名称
69	高压配电装置带电部分对地距离不满足且未采取措施	1. 配电站、开闭所户外高压配电装置的裸露（含绝缘包裹）导电部分跨越人行过道或作业区时，对地高度不满足安全距离要求且底部和两侧未装设护网。	**《国家电网有限公司电力安全工作规程　第 8 部分：配电部分》**第 4.3.6 条：配电站、开关站的户外高压配电线路、设备在跨越人行过道或作业区时，若 10、20kV 裸露的导电部分对地高度分别小于 2.7、2.8m，该裸露部分底部和两侧应装设护网。户内高压配电设备的裸露

续表

编号	严重违章	表现形式	依据条款
69		2. 户内高压配电装置的裸露（含绝缘包裹）导电部分对地高度不满足安全距离要求且底部和两侧未装设护网	导电部分对地高度小于 2.5m 时，该裸露部分底部和两侧应装设护网
70	起吊或牵引过程中，受力钢丝绳周围、上下方、内角侧和起吊物下面，有人逗留或通过	1. 起重机在吊装过程中，受力钢丝绳周围或起吊物下方有人逗留或通过。 2. 绞磨机、牵引机、张力机等受力钢丝绳周围、上下方、内角侧等受力侧有人逗留或通过	**《国家电网有限公司电力安全工作规程　第 8 部分：配电部分》**第 16.2.1.3 条：作业时不应向滑轮上套钢丝绳，不应在卷筒、滑轮附近用手触碰运行中的钢丝绳，不应跨越行走中的钢丝绳，不应在导向滑轮的内侧逗留或通过。第 18.2.3 条：在起吊、牵引过程中，受力钢丝绳的周围、上下方、转向滑车内角侧、吊臂和起吊物的下面，不应有人逗留和通过
71	起重作业无专人指挥	以下起重作业无专人指挥： 1. 被吊重量达到起重作业额定起重量的 80%； 2. 两台及以上起重机械联合作业	**《国家电网有限公司电力安全工作规程　第 8 部分：配电部分》**第 18.1.2 条：重大物件的起重、搬运工作应由有经验的专人负责，作业前应进行技术交底。起重搬运时只能由一人统一指挥，必要时可设置中间指挥人员传递信号。起重指挥信号应简明、统一、畅通，分工明确

续表

编号	严重违章	表现形式	依据条款
72	汽车式起重机作业前未支好全部支腿；支腿未按规程要求加垫木	1. 汽车式起重机作业过程中未支好全部支腿；支腿未加垫木；垫木不符合要求。 2. 起重机车轮、支腿或履带的前端、外侧与沟、坑边缘的距离小于沟、坑深度的 1.2 倍时，未采取防倾倒、防坍塌措施	**《国家电网有限公司电力安全工作规程　第 8 部分：配电部分》**第 18.2.6 条：作业时，起重机应置于平坦、坚实的地面上。不应在暗沟、地下管线等上面作业；无法避免时，应采取防护措施
73	链条葫芦、手扳葫芦、吊钩式滑车等装置的吊钩和起重作业使用的吊钩无防止脱钩的保险装置	1. 链条葫芦、手扳葫芦吊钩无封口部件。 2. 吊钩式起重滑车无防止脱钩的钩口闭锁装置。 3. 起重作业使用的吊钩无防止脱钩的保险装置	**《国家电网有限公司电力安全工作规程　第 8 部分：配电部分》**第 16.2.10.2 条：使用的滑车应有防止脱钩的保险装置或封口措施。使用开门滑车时，应将开门勾环扣紧，防止绳索自动跑出。 **《起重机械检查与维护规程　第 2 部分：流动式起重机》**第 5.2.2 条：起重作业部分日常检查的项目、方法、内容、要求等不应低于附录 A 的规定
74	电力线路设备拆除后，带电部分未处理	电力线路设备拆除后，带电部分未处理	**《国家电网有限公司电力安全工作规程　第 8 部分：配电部分》**第 11.3.4 条：带电断、接空载线路所接引线长度应适当，与周围接地构件、不同相带电体应有足够安全距离，连接应牢固可靠。断、接时应有防止引线摆动的措施

续表

编号	严重违章	表现形式	依据条款
75	高压带电作业未穿戴绝缘手套等绝缘防护用具；高压带电断、接引线或带电断、接空载线路时未戴护目镜	1. 作业人员开展配电带电作业未穿着绝缘服或绝缘披肩、绝缘袖套、绝缘手套、绝缘安全帽等绝缘防护用具。 2. 高压带电断、接引线或带电断、接空载线路作业时未戴护目镜	**《国家电网有限公司电力安全工作规程　第 8 部分：配电部分》**第 11.2.7 条：带电作业，应穿戴绝缘防护用具（绝缘服或绝缘披肩或绝缘袖套、绝缘手套、绝缘鞋、绝缘安全帽等）。带电断、接引线作业应戴护目镜，使用的安全带应有良好的绝缘性能。带电作业过程中，不应摘下绝缘防护用具。第 11.3.6 条：带电断、接空载线路时，作业人员应戴护目镜，并应采取消弧措施。断、接线路为空载电缆等容性负载时，应根据线路电容电流的大小，采用带电作业用消弧开关及操作杆等专用工具
76	带负荷断、接引线	1. 非旁路作业时，带负荷断、接引线。 2. 用断、接空载线路的方法使两电源解列或并列。 3. 带电断、接空载线路时，线路后端所有断路器（开关）和隔离开关（刀闸）未全部断开，变压器、电压互感器未全部退出运行	**《国家电网有限公司电力安全工作规程　第 8 部分：配电部分》**第 11.3.1 条：不应带负荷断、接引线。第 11.3.2 条：不应用断、接空载线路的方法使两电源解列或并列

续表

编号	严重违章	表现形式	依据条款
77	在互感器二次回路上工作，未采取防止电流互感器二次回路开路，电压互感器二次回路短路的措施	1. 短路电流互感器二次绕组时，短路片或短路线连接不牢固，或用导线缠绕。 2. 在带电的电压互感器二次回路上工作时，螺丝刀未用胶布缠绕	**《国家电网有限公司电力安全工作规程　第 8 部分：配电部分》**第 12.2.2 条：在带电的电流互感器二次回路上工作，应采取措施防止电流互感器二次侧开路（光电流互感器除外）。短路电流互感器二次绕组，应使用短路片或短路线，不应使用导线缠绕。第 12.2.3 条：在带电的电压互感器二次回路上工作，应采取措施防止电压互感器二次侧短路或接地。接临时负载，应装设专用的刀闸和熔断器
78	开断电缆前，未与电缆走向图图纸核对相符，未使用仪器确认电缆无电压，未用接地的带绝缘柄的铁钎钉入电缆芯	开断电缆前，未与电缆走向图图纸核对相符，未使用仪器确认电缆无电压，未用接地的带绝缘柄的铁钎钉入电缆芯	**《国家电网有限公司电力安全工作规程　第 8 部分：配电部分》**第 14.2.4 条：开断电缆前，应与电缆走向图核对相符，并使用仪器确认电缆无电压后，用接地的带绝缘柄的铁钎或其他打钉设备钉入电缆芯。扶绝缘柄的人应戴绝缘手套并站在绝缘垫上，并采取防灼伤措施。使用远控电缆割刀开断电缆时，刀头应可靠接地，周边其他施工人员应临时撤离，远控操作人员应与刀头保持足够的安全距离，防止弧光和跨步电压伤人

续表

编号	严重违章	表现形式	依据条款
79	开断电缆时扶绝缘柄的人未戴绝缘手套，未站在绝缘垫上，未采取防灼伤措施	开断电缆时扶绝缘柄的人未戴绝缘手套，未站在绝缘垫上，未采取防灼伤措施	**《国家电网有限公司电力安全工作规程　第 8 部分：配电部分》**第 14.2.4 条：开断电缆前，应与电缆走向图核对相符，并使用仪器确认电缆无电压后，用接地的带绝缘柄的铁钎或其他打钉设备钉入电缆芯。扶绝缘柄的人应戴绝缘手套并站在绝缘垫上，并采取防灼伤措施。使用远控电缆割刀开断电缆时，刀头应可靠接地，周边其他施工人员应临时撤离，远控操作人员应与刀头保持足够的安全距离，防止弧光和跨步电压伤人
80	擅自变更工作票中指定的接地线位置，未经工作票签发人、工作许可人同意，未在工作票上注明变更情况	擅自变更工作票中指定的接地线位置，未经工作票签发人、工作许可人同意，未在工作票上注明变更情况	**《国家电网有限公司电力安全工作规程　第 8 部分：配电部分》**第 6.4.5 条：作业人员不应擅自变更工作票中指定的接地线位置，若需变更，应由工作负责人征得工作票签发人或工作许可人同意，并在工作票上注明变更情况
81	业扩报装设备未经验收，擅自接火送电	业扩报装设备未经验收，擅自接火送电	**《国家电网有限公司营销现场作业安全工作规程（试行）》**（国家电网营销［2020］480 号）第 13.5.1 条：未经检验或检验不合格的客户受电工程，严禁接（送）电

续表

编号	严重违章	表现形式	依据条款
82	应拉断路器（开关）、应拉隔离开关（刀闸）、应拉熔断器、应合接地开关、作业现场装设的工作接地线未在工作票上准确登录；工作接地线未按票面要求准确登录安装位置、编号、挂拆时间等信息	1. 工作票中应拉断路器（开关）、应拉隔离开关（刀闸）、应拉熔断器、应合接地开关、应装设的接地线未在工作票上准确登录。 2. 作业现场装设的工作接地线未全部列入工作票，未按票面要求准确登录安装位置、编号、挂拆时间等信息	**《国家电网有限公司电力安全工作规程　第 8 部分：配电部分》**第 5.3.8.2 条：工作票、故障紧急抢修单应使用统一的票面格式，采用手工方式填写或计算机生成、打印。采用手工方式填写时，应使用黑色或蓝色的钢（水）笔或圆珠笔填写和签发，至少一式两份。第 5.3.8.3 条：工作票、故障紧急抢修单票面上的时间、工作地点、线路名称、设备双重名称（即设备名称和编号）、动词等关键字不应涂改。若有个别错、漏字需要修改、补充时，应使用规范的符号，字迹应清楚。第 5.3.8.5 条：工作票执行前，应由工作票签发人审核，手工或电子签发。第 6.4.4 条：对于因交叉跨越、平行或邻近带电线路、设备导致检修线路或设备可能产生感应电压时，应加装接地线或使用个人保安线，加装（拆除）的接地线应记录在工作票上，个人保安线由作业人员自行装拆
83	脚手架、跨越架未经验收合格即投入使用	脚手架、跨越架搭设后未经使用单位（施工项目部）、监理单位验收合格，未挂验收牌，即投入使用	**《国家电网有限公司电力安全工作规程　第 8 部分：配电部分》**第 19.3.2 条：脚手架使用前应经验收合格。上下脚手架应走斜道或梯子，作业人员不应沿脚手杆或栏杆等攀爬

续表

编号	严重违章	表现形式	依据条款
84	立、撤杆塔过程中基坑内有人工作	立、撤杆塔过程中基坑内有人工作	**《国家电网有限公司电力安全工作规程　第 8 部分：配电部分》**第 8.3.3 条：立、撤杆塔时，基坑内不应有人。除指挥人及指定人员外，其他人员应在杆塔高度的 1.2 倍距离以外
85	安全带（绳）未系在主杆或牢固的构件上。安全带和后备保护绳系挂的构件不牢固。安全带系在移动，或不牢固物件上	安全带（绳）未系在主杆或牢固的构件上。安全带和后备保护绳系挂的构件不牢固。安全带系在移动，或不牢固物件上	**《国家电网有限公司电力安全工作规程　第 8 部分：配电部分》**第 8.2.3 条：杆塔上作业应注意以下安全事项：a）作业人员攀登杆塔、杆塔上移位及杆塔上作业时，手扶的构件应牢固，不应失去安全保护，并有防止安全带从杆顶脱出或被锋利物损坏的措施；b）在杆塔上作业时，应使用安全带。使用有后备保护绳或速差自锁器的安全带时，安全带和保护绳应分挂在杆塔不同部位的牢固构件上；c）上横担前，应检查横担腐蚀情况、联结是否牢固，检查时安全带（绳）应系在主杆或牢固的构件上。 **《国家电网有限公司电力安全工作规程　第 8 部分：配电部分》**第 19.2.2 条：安全带的挂钩或绳子应挂在结实牢固的构件上，或专为挂安全带用的钢丝绳上，并应采用高挂低用的方式。不应挂在移动或不牢固的物件上［如隔离开关（刀闸）支持绝缘子、母线支柱绝缘子、避雷器支柱绝缘子等］

续表

编号	严重违章	表现形式	依据条款
86	一级动火时，动火部门分管生产的领导或技术负责人、消防（专职）人员未始终在现场监护。二级动火时，工区未指定人员并和消防（专职）人员或指定的义务消防员始终在现场监护	一级动火时，动火部门分管生产的领导或技术负责人、消防（专职）人员未始终在现场监护。二级动火时，工区未指定人员并和消防（专职）人员或指定的义务消防员始终在现场监护	**《国家电网公司电力安全工作规程　变电部分》**第16.6.11.2、16.6.11.3 条、**《国家电网公司电力安全工作规程　线路部分》**第 16.6.11.2、16.6.11.3 条、**《国家电网有限公司电力安全工作规程　第 8 部分：配电部分》**第 17.2.12.2、17.2.12.3 条：一级动火时，动火部门分管生产的领导或技术负责人（总工程师）、消防（专职）人员应始终在现场监护。二级动火时，动火部门应指定人员，并和消防（专职）人员或指定的义务消防员始终在现场监护
87	动火作业间断或结束后，现场有残留火种	动火作业间断或结束后，现场有残留火种	**《电力设备典型消防规程》**第 5.3.10 条：动火作业完毕，动火执行人、消防监护人、动火工作负责人应检查现场无残留火种等。 **《国家电网有限公司电力建设安全工作规程　第 1 部分：变电》**第 7.4.1.12 条、**《国家电网有限公司电力建设安全工作规程　第 2 部分：线路》**第 7.3.1.12 条：作业结束后，应检查是否留有火种，确认合格后方可离开现场。

续表

编号	严重违章	表现形式	依据条款
87			**《国家电网公司电力安全工作规程　变电部分》**第16.6.12条、**《国家电网公司电力安全工作规程　线路部分》**第16.6.12条、**《国家电网有限公司电力安全工作规程　第8部分：配电部分》**第17.2.13.1条：动火工作完毕后，动火执行人、消防监护人、动火工作负责人和运维许可人应检查现场有无残留火种，是否清洁等。确认无问题后，在动火工作票上填明动火工作结束时间，经四方签名后（若动火工作与运维无关，则三方签名即可），盖上“已终结”印章，动火工作方告终结
88	在具有火灾、爆炸危险的场所（如：草地、林区、充油设备区域或动火作业、油漆作业场所）吸烟	在具有火灾、爆炸危险的场所（如：草地、林区、充油设备区域或动火作业、油漆作业场所）吸烟	**《中华人民共和国消防法》**第二十一条：禁止在具有火灾、爆炸危险的场所吸烟、使用明火
89	高处动火作业（焊割）时，使用非阻燃安全带	高处动火作业（焊割）时，使用非阻燃安全带	**《国家电网有限公司电力建设安全工作规程　第1部分：变电》**第7.4.1.3条、**《国家电网有限公司电力建设安全工作规程　第2部分：线路》**第7.3.1.3条：登高进行焊割作业，衣着要灵便，戴好安全帽和使用阻燃安全带，穿胶底鞋，不得穿硬底鞋和带钉易滑鞋

续表

编号	严重违章	表现形式	依据条款
90	项目监理在旁站或巡视过程中，发现工程存在的触及“十不干”“现场停工五条红线”等严重安全事故隐患情况，未签发工程暂停令并报告建设单位	项目监理在旁站或巡视过程中，发现工程存在的触及“十不干”“现场停工五条红线”等严重安全事故隐患情况，未签发工程暂停令并报告建设单位	**《建设工程监理规范》**（GB 50319—2022）第 5.5.6 条：项目监理机构在实施监理过程中，发现工程存在安全事故隐患时，应签发监理通知单，要求施工单位整改；情况严重时，应签发工程暂停令，并应及时报告建设单位。施工单位拒不整改或不停止施工时，项目监理机构应及时向有关主管部门报送监理报告。 **《输变电工程项目部标准化管理规程　第 2 部分：监理项目部》**第 7.3.3 条：针对各类检查、签证发现的安全问题，监理项目部应填写监理通知单，督促施工项目部落实整改，并对整改结果进行复查；达到停工条件的，应及时下达工程暂停令。 **《国网基建部关于印发基建施工现场 Ⅰ、Ⅱ 级重大事故隐患清单（试行）的通知》**（基建安质〔2018〕82 号）对于安全管理责任严重缺失、存在触及现场停工“五条红线”的Ⅰ级和Ⅱ级重大事故隐患，要立即下达停工令，责令有关单位对相关施工项目现场全面停工整改，验收合格后方可复工
91	监理人员未经安全准入；监理项目部关键岗位人员不具	监理人员未经安全准入；监理项目部关键岗位人员不具备相应资格；总监理工程师兼任工程数量超出规定数量	**《中华人民共和国安全生产法》**第二十八条：生产经营单位应当对从业人员进行安全生产教育和培训，保证从业人员具备必要的安全生产知识，熟悉有关的安全生产规章制度和安全操作规程，掌握本岗位的安全操作技能，

续表

编号	严重违章	表现形式	依据条款
91	备相应资格；总监理工程师兼任工程数量超出规定数量		了解事故应急处理措施，知悉自身在安全生产方面的权利和义务。未经安全生产教育和培训合格的从业人员，不得上岗作业。 **《国家电网有限公司监理项目部标准化管理手册（线路工程分册）》**第 1.1.3 条、**《国家电网有限公司监理项目部标准化管理手册（变电工程分册）》**第 1.1.3 条：人员配置、任职资格及条件
92	三级及以上风险作业监理人员未按规定进行到岗到位管控，未开展旁站监理或缺少旁站记录	一级风险作业，相关地市公司级单位或建设管理单位副总师及以上领导未到岗到位；省公司级单位专业管理部门未到岗到位	**《国家电网有限公司输变电工程建设安全管理规定》**（国家电网企管〔2021〕89 号）附件 2：输变电工程建设三级及以上施工安全风险管理人员到岗到位最低要求。 **《电力建设工程监理规范》**第 9.3.4 条：项目监理机构应对工程重要部位、关键工序、特殊作业和危险作业进行旁站监理
93	已实施的超过一定规模的危险性较大的分部分项工程专项施工方案，项目监理机构未审查	1. 超过一定规模的危险性较大的分部分项工程，住房城乡建设部办公厅关于实施《危险性较大的分部分项工程安全管理规定》有关问题的通知“工程项目超过一定规模的危险性较大的分部分项工程范围”（含大修、技改等项目），未按规定	

续表

编号	严重违章	表现形式	依据条款
93		编制专项施工方案（含安全技术措施）。 2. 专项施工方案（含安全技术措施）未按规定组织专家论证；建设单位项目负责人、监理单位项目总监理工程师、总承包单位和分包单位技术负责人或授权委派的专业技术人员未参加专家论证会。 3. 专项施工方案（含安全技术措施）未按以下规定履行审核程序： （1）重大（一级）作业风险管控措施应由地市级单位分管领导组织审核，工程施工作业由建设管理单位专业管理部门组织审核； （2）较大（二、三级）作业风险管控措施应由地市级单位专业管理部门组织审核，工程施工作业由业主（监理）项目部审核	**《建设工程监理规范》**第5.5.3条：项目监理机构应审查施工单位报审的专项施工方案，符合要求的，应由总监理工程师签认后报建设单位。超过一定规模的危险性较大的分部分项工程的专项施工方案，应检查施工单位组织专家进行论证、审查的情况，以及是否附具安全验算结果

第二部分 违章案例分析

一、严重违章

二、一般违章

一、严重违章

（1）在10kV带电作业现场，应履行工作许可手续，未经工作许可，即开始工作，如图2-1所示，属Ⅰ类严重行为违章。

图2-1　带电作业

违章后果：工作负责人在办理工作许可手续前，工作班成员擅自开工作业，因此不能明确作业线路是否具备作业条件，容易引发人身伤害及设备事故。

违反条款：违反《国家电网有限公司电力安全工作规程　第8部分：配电部分》第5.4.5条的规定“工作负责人发出开始工作的命令前，应得到全部工作许可人的许可，完成由其负责的安全措施，并确认工作票所列当前工作所需的安全措施已全部完成。工作负责人发出开始工作的命令后，应在工作票上签名，记录开始工作时间。”

（2）在 10kV 线路钢杆位移现场，接地线保护范围内（工作范围内）有一台专用变压器未采取停电、接地措施，如图 2-2 所示，属 I 类严重行为违章。

图 2-2　钢杆位移

违章后果：接地线保护范围内有一台专用变压器未采取停电、接地措施，存在反送电风险。

违反条款：违反《国家电网有限公司电力安全工作规程　第 8 部分：配电部分》第 6.4.9 条的规定“作业人员应在接地线的保护范围内作业。不应在无接地线或接地线装设不齐全的情况下进行高压检修作业”。

（3）在10kV线路更换电杆现场，杆塔上有人时，调整或拆除拉线，如图2-3所示，属Ⅰ类严重行为违章。

图2-3　更换电杆

违章后果：杆上有人作业，杆下作业人员调整拉线，在调整过程中，如发生拉线折断，将破坏杆塔的受力平衡造成杆塔倾倒，存在倒杆伤人、高处坠落等风险。

违反条款：违反《国家电网有限公司电力安全工作规程　第8部分：配电部分》第8.2.6条的规定“调整杆塔倾斜、弯曲、拉线受力不均时，应根据需要设置临时拉线及其调节范围，并应有专人统一指挥。杆塔上有人工作时，不应调整或拆除拉线”。

（4）在 10kV 线路改造作业现场，高空作业车斗臂内作业人员未使用安全带，高处作业时失去保护，如图 2-4 所示，属 I 类严重行为违章。

斗臂内作业人员未使用安全带

图 2-4　线路改造

违章后果：斗臂内作业人员未使用安全带，如在作业过程中，发生斗臂翻转等情况，可导致斗臂内作业人员高处坠落。

违反条款：违反《国家电网有限公司电力安全工作规程　第 8 部分：配电部分》第 7.1.1.5 条的规定“高处作业时，作业人员应正确使用安全带”。

（5）在10kV线路切改现场，作业人员在屋顶边沿上作业，未采取防坠落措施，如图2-5所示，属Ⅰ类严重行为违章。

作业人员未采取防坠落措施

图2-5 高处作业

违章后果：作业人员在屋顶边沿作业未设置防护栏杆等防坠落安全措施，作业人员存在高处坠落的安全风险。

违反条款：符合《国家电网公司关于印发生产现场作业“十不干”的通知》第八条的规定“高处作业防坠落措施不完善的不干”。

（6）在 10kV 线路更换电缆作业现场，有限空间作业前未执行“先通风、再检测、后作业”要求。，如图 2-6 所示，属 I 类严重行为违章。

图 2-6　更换电缆

违章后果：电缆井属有限空间，在有限空间作业，应严格落实先通风、再检测、后作业的安全要求，该起违章的工作人员在电缆井内工作前未按照有关规定进行气体检测，如电缆井内有害气体含量不达标或氧气含量不足，存在工作人员因吸入有害气体或缺氧出现中毒、窒息的风险。

违反条款：违反《国家电网有限公司电力安全工作规程　第 8 部分：配电部分》第 14.1.4 条的规定“进入电缆井、电缆隧道前，应先用吹风机排除浊气，再用气体检测仪检查井内或隧道内的易燃易爆及有毒气体的含量是否超标，并做好记录”。

（7）在 10kV 线路抢修作业现场，作业人员在高处作业、攀登或转移作业位置时失去保护，如图 2-7 所示，属 I 类严重行为违章。

图 2-7　高处作业

违章后果：作业人员在杆塔上移位时解开安全带和后备绳，失去安全保护，存在高坠的安全风险。

违反条款：违反《国家电网有限公司电力安全工作规程　第 8 部分：配电部分》第 8.2.3 条的规定“a）作业人员攀登杆塔、杆塔上移位及杆塔上作业时，手扶的构件应牢固，不应失去安全保护，并有防止安全带从杆顶脱出或被锋利物损坏的措施”。

（8）在 10kV 线路用电工程电缆敷设作业现场，有限空间作业，通风设备不满足要求，如图 2-8 所示，属 I 类严重装置违章。

有限空间作业无气体检测记录，通风设备不满足要求

图 2-8　有限空间作业

违章后果：有限空间作业时通风设备不满足要求，不能有效测试有限空间内气体真实情况，存在作业人员中毒、窒息等风险。

违反条款：违反《国家电网有限公司电力安全工作规程　第 8 部分：配电部分》第 12.2.2 条的规定“进入电缆井、电缆隧道前，应先用吹风机排除浊气，再用气体检测仪检查井内或隧道内的易燃易爆及有毒气体的含量是否超标，并做好记录”。

（9）在 10kV 线路带电作业现场，工作负责人擅自离开工作现场，如图 2-9 所示，属Ⅰ类严重管理违章。

违章后果：工作负责人因故擅自离开工作现场，未变更工作负责人、履行交接手续，也未向全体工作人员进行告知说明情况，工作负责人未能做到正确安全的组织工作，认真监护作业安全，工作现场处于失控状态，易引发安全事故。

图 2-9　带电作业

违反条款：违反《国家电网有限公司电力安全工作规程　第 8 部分：配电部分》第 5.5.6 条的规定“工作期间，工作负责人若需暂时离开工作现场，应指定能胜任的人员临时代替，离开前应将工作现场交待清楚，并告知全体工作班成员。原工作负责人返回工作现场时，也应履行同样的交接手续”。

（10）在 10kV 线路停电检修现场，一名高处作业人员使用磨损严重的安全带从事高空作业，如图 2-10 所示，属Ⅰ类严重管理违章。

图 2-10　线路停电检修

违章后果：高处作业人员使用磨损严重的安全带，若安全带断裂，高处作业人员失去保护，存在高处作业人员坠落伤害的风险。

违反条款：符合《国家电网公司关于印发生产现场作业“十不干”的通知》第六条的规定“现场安全措施布置不到位、安全工器具不合格的不干”。

（11）在 10kV 线路检修现场，线路作业人员在验电时头部与配电线路的距离小于 0.35m，如图 2-11 所示，属Ⅱ类严重行为违章。

图 2-11　线路检修

违章后果：作业人员和配电线路的安全距离不满足要求，且未采取有效措施，存在高压触电造成人身伤害的安全风险。

违反条款：违反《国家电网有限公司关于防治安全事故重复发生实施输变电工程施工安全强制措施的通知》“三算”的规定“3．临近带电体作业安全距离必须经过计算校核”。

（12）在配电检修作业现场，作业人员在带电设备周围使用钢卷尺、金属梯等禁止使用的工器具，如图 2-12 所示，属Ⅱ类严重行为违章。

图 2-12　配电检修

违章后果：金属梯子属电气导体，在作业时，使用金属梯子，存在人身触电伤害的安全风险。

违反条款：违反《国家电网有限公司电力安全工作规程　第 8 部分：配电部分》第 9.3.6 条的规定“在带电设备周围使用工器具及搬动梯子、管子等长物，应满足安全距离要求。在带电设备周围不应使用钢卷尺、皮卷尺和线尺（夹有金属丝者）进行测量”。

（13）在 10kV 线路抢修作业现场，作业人员设接地线时人体碰触未接地的导线，如图 2-13 所示，属Ⅱ类严重行为违章。

图 2-13　抢修作业

违章后果：装设接地线过程中，接地线与人体接触，如作业线路存在感应电或突然来电等情形，存在装设接地线人身触电安全风险。

违反条款：违反《国家电网有限公司电力安全工作规程　第 8 部分：配电部分》第 6.4.6 条的规定“装设、拆除接地线均应使用绝缘棒并戴绝缘手套，人体不应碰触接地线或未接地的导线”。

（14）在 10kV 线路带电作业现场，带电作业过程中，带电作业使用非绝缘绳索传递工具材料，如图 2-14 所示，属Ⅱ类严重装置违章。

图 2-14　带电作业

违章后果：作业人员在作业时，使用普通绳索传递工器具，因普通绳索绝缘性能不能满足带电作业要求，易引发不同电位间设备放电，产生危险。

违反条款：违反《国家电网有限公司电力安全工作规程　第 8 部分：配电部分》第 11.2.11 条的规定“带电作业时不应使用非绝缘绳索（如棉纱绳、白棕绳、钢丝绳等）”。

（15）在 10kV 线路更换引流线抢修作业现场，作业人员穿越未停电接地的低压绝缘导线进行工作，如图 2-15 所示，属 II 类严重行为违章。

图 2-15　接地线装设

违章后果：作业人员穿越未停电接地的低压绝缘导线进行工作，遇有线路突然来电、反送电情况，极易造成装设地线人员碰触下层发生人身触电事件。

违反条款：违反《国家电网有限公司电力安全工作规程　第 8 部分：配电部分》第 6.4.12 条的规定“装设同杆（塔）架设的多层电力线路接地线，应先装设低压、后装设高压，先装设下层、后装设上层，先装设近侧、后装设远侧。拆除接地线的顺序与此相反”。

（16）在 10kV 带电断引现场，带电作业时带负荷断引线，如图 2-16 所示，属Ⅲ类严重行为违章。

图 2-16　带电断引

违章后果：带负荷断引线瞬间，将产生强电弧，形成过电压，不仅会对作业人员造成电弧伤害，还会对电网产生冲击，影响电网正常运行。

违反条款：违反《国家电网有限公司电力安全工作规程　第 8 部分：配电部分》第 11.3.1 条的规定“不应带负荷断、接引线”。

（17）在 10kV 线路立杆架线作业现场，作业环境属农田，吊车在松软土地地面上支腿未按规程要求加垫木，如图 2-17 所示，属Ⅲ类严重行为违章。

吊车支腿在松软地面未采取防护措施

图 2-17　立杆架线

违章后果：农田土质松软，吊车作业如未采取加装垫木等防护措施，在吊装过程中易发生吊车倾覆，存在安全风险。

违反条款：违反《国家电网有限公司电力安全工作规程　第 8 部分：配电部分》第 18.2.6 条的规定“作业时，起重机应置于平坦、坚实的地面上。不应在暗沟、地下管线等上面作业；无法避免时，应采取防护措施”。

（18）在新建铁塔组立作业现场，现场已开工，吊车使用过程中，吊臂下有人员逗留和通过，如图 2-18 所示，属Ⅲ类严重行为违章。

吊车使用过程中，有人员在吊臂下逗留和通过

图 2-18　铁塔组立

违章后果：若吊车吊臂突然失控，吊臂下方有人员逗留，存在造成人身伤亡事故的风险。

违反条款：违反《国家电网有限公司电力安全工作规程　第 8 部分：配电部分》第 18.2.3 条的规定“在起吊、牵引过程中，受力钢丝绳的周围、上下方、转向滑车内角侧、吊臂和起吊物的下面，不应有人逗留和通过”。

（19）在 10kV 线路高压接引、低压断引检修工作作业现场，工作票人员发生变更，工作负责人未签字确认，如图 2-19 所示，属Ⅲ类严重行为违章。

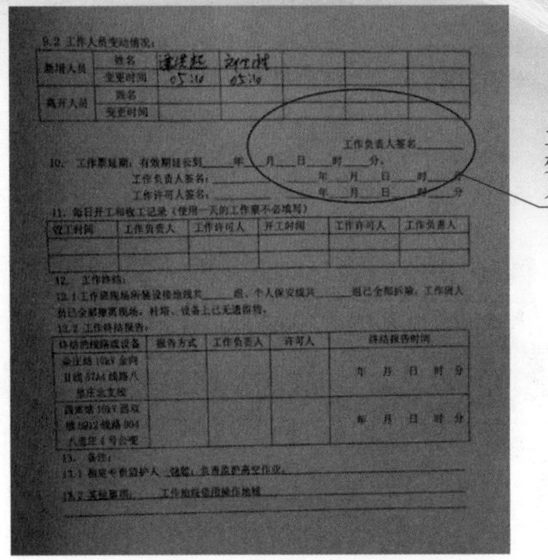

9.2 工作人员变动情况：

新增人员	姓名	[illegible]	[illegible]			
	变更时间	05:14	05:14			
离开人员	姓名					
	变更时间					

工作负责人签名______

10. 工作票延期：有效期延长到____年__月__日__时__分。

工作负责人签名：________　____年__月__日__时__分

工作许可人签名：________　____年__月__日__时__分

11. 每日开工和收工记录（使用一天的工作票不必填写）

收工时间	工作负责人	工作许可人	开工时间	工作许可人	工作负责人

12. 工作终结：

12.1 工作班现场所装设接地线共____组、个人保安线共____组已全部拆除，工作班人员已全部撤离现场，杆塔、设备上已无遗留物。

12.2 工作终结报告：

终结的线路或设备	报告方式	工作负责人	许可人	终结报告时间
[illegible] 10kV [illegible] 线路 [illegible]				年 月 日 时 分
[illegible] 10kV [illegible] 线路 [illegible] 4 号公变				年 月 日 时 分

13. 备注：

13.1 指定专责监护人 [illegible] 负责监护高空作业。

13.2 其他事项：工作地段使用操作地线

图 2-19　工作票

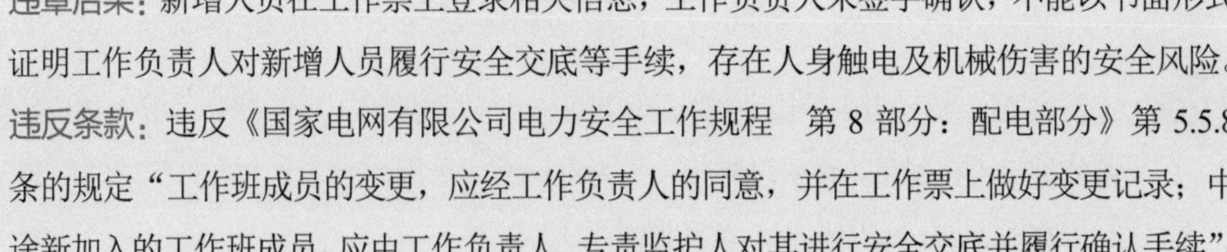

违章后果：新增人员在工作票上登录相关信息，工作负责人未签字确认，不能以书面形式证明工作负责人对新增人员履行安全交底等手续，存在人身触电及机械伤害的安全风险。

违反条款：违反《国家电网有限公司电力安全工作规程　第 8 部分：配电部分》第 5.5.8 条的规定“工作班成员的变更，应经工作负责人的同意，并在工作票上做好变更记录；中途新加入的工作班成员，应由工作负责人、专责监护人对其进行安全交底并履行确认手续”。

（20）在 10kV 线路抢修作业现场，工作人员高处作业时后备保护绳未系在主杆或牢固的构件上，如图 2-20 所示，属Ⅲ类严重行为违章。

图 2-20　抢修作业

违章后果：作业人员在杆塔高处作业未使用安全带后备保护绳，如安全带断开或脱落，缺少防止人员高坠的后备措施，造成人员高坠伤亡的风险。

违反条款：违反《国家电网有限公司电力安全工作规程　第 8 部分：配电部分》第 8.2.3 条的规定“（b）在杆塔上作业时，应使用安全带。使用有后备保护绳或速差自锁器的安全带时，安全带和保护绳应分挂在杆塔不同部位的牢固构件上”。

（21）在 10kV 立杆、敷设电缆、接引现场，作业人员后备保护绳系挂的构件不牢固，如图 2-21 所示，属Ⅲ类严重行为违章。

图 2-21　立杆、敷设电缆、接引

违章后果：安全带与后备保护绳应挂在牢固的构件上，导线不属牢固的构件，有可能不能承受人员在高坠发生时的冲击力而发生断线，存在人员高处坠落安全风险。

违反条款：违反《国家电网有限公司电力安全工作规程　第 8 部分：配电部分》第 8.2.3 条的规定“（b）在杆塔上作业时，应使用安全带。使用有后备保护绳或速差自锁器的安全带时，安全带和保护绳应分挂在杆塔不同部位的牢固构件上”。

（22）在 10kV 带电作业现场，绝缘斗臂车斗臂上升过程中，未支好全部支腿，如图 2-22 所示，属Ⅲ类严重行为违章。

图 2-22　带电作业

违章后果：绝缘斗臂车斗臂上升过程中，未支好全部支腿，造成绝缘斗臂车重心不稳，容易发生倾覆事故。

违反条款：违反《国家电网有限公司电力安全工作规程　第 8 部分：配电部分》第 18.2.6 条的规定“作业时，起重机应置于平坦、坚实的地面上。不应在暗沟、地下管线等上面作业；无法避免时，应采取防护措施”。

（23）在 10kV 线路检修现场，吊车在作业过程中无专人指挥，如图 2-23 所示，属III类严重行为违章。

吊车在作业过程中无专人指挥

图 2-23　吊车作业

违章后果：吊车在作业过程中无专人指挥，如果吊车司机对吊装设备与邻近设备距离判断不准确，存在误吊误碰的安全风险。

违反条款：违反《国家电网有限公司电力安全工作规程　第 8 部分：配电部分》第 18.1.2 条的规定“重大物件的起重、搬运工作应由有经验的专人负责，作业前应进行技术交底。起重搬运时只能由一人统一指挥，必要时可设置中间指挥人员传递信号。起重指挥信号应简明、统一、畅通，分工明确”。

（24）在 10kV 线路组立杆塔及导线架设工作现场，使用的吊车无限位器，如图 2-24 所示，属III类严重装置违章。

图 2-24　吊车作业

违章后果：吊车无限位器，不能有效限制吊物的起吊高度，易造成吊物超出起吊高度范围，从吊臂内脱落的安全风险。

违反条款：违反《国家电网有限公司电力安全工作规程　第 8 部分：配电部分》第 16.1.3 条的规定“机具的各种监测仪表以及制动器、限位器、安全阀、闭锁机构等安全装置应完好”。

（25）在 10kV 线路更换绑线，更换横担工作现场，使用的链条葫芦吊钩部分无闭锁装置，如图 2-25 所示，属Ⅲ类严重管理违章。

图 2-25　链条葫芦

违章后果：使用的链条葫芦吊钩部分无闭锁装置，存在受力拉线脱钩风险。

违反条款：违反《国家电网有限公司电力安全工作规程　第 8 部分：配电部分》第 16.2.6.1 条的规定“使用前应检查吊钩、链条、转动装置及制动装置，吊钩、链轮或倒卡变形以及链条磨损达直径的 10%时，不应使用。制动装置不应沾染油脂”。

（26）在 10kV 线路更换电杆、导线工作现场，现场使用的拖拉机绞磨用砖头固定，未设置地锚，锚固不可靠，如图 2-26 所示，属III类严重管理违章。

现场使用的拖拉机绞磨用砖头固定，未设置地锚

图 2-26　拖拉机绞磨

违章后果：砖头等重物不能代替地锚提供稳定的拉力，如使用不规范的物品代替地锚，存在导杆断线的安全风险。

违反条款：违反《国家电网有限公司电力安全工作规程　第 8 部分：配电部分》第 16.2.1.1 条的规定“绞磨应放置平稳，锚固应可靠，受力前方不应有人，锚固绳应有防滑动措施，并可靠接地”。

（27）在 10kV 线路安装金具及铁附件作业现场，现场监理人员履职不到位，到岗到位安全检查未及时发现专责监护人参与现场工作和票内存在的违章并督促整改，如图 2-27 所示，属III类严重管理违章。

图 2-27　现场监理

违章后果：现场监理人员履职不到位，到岗到位安全检查未及时发现专责监护人参加现场工作和票内存在的违章并督促整改，进而造成被监护和监护范围内失去监护。

违反条款：违反《国家电网有限公司作业安全风险管控工作规定》第 38 条的规定“各级单位应建立健全生产作业到岗到位管理制度，明确到岗到位标准和工作内容，实行分层分级管理。（一）三级风险作业，相关地市级单位或建设管理单位专业管理部门、县公司级单位负责人或管理人员应到岗到位。（二）二级风险作业，相关地市级单位或建设管理单位分管领导或专业管理部门负责人应到岗到位；省公司级单位专业管理部门应按有关规定到岗到位。（三）输变电工程到岗到位要求按照《国家电网有限公司输变电工程建设安全管理规定》执行”。

（28）在 10kV 线路新增配电变压器作业现场，使用的吊车吊钩无防脱钩装置，如图 2-28 所示，属III类严重管理违章。

图 2-28　新增配电变压器

违章后果：在使用吊车时吊车吊钩无防脱钩装置，有可能吊起的设备从吊钩脱落砸伤工作人员或砸坏设备，存在人身伤亡及设备损坏风险。

违反条款：违反《国家电网有限公司电力安全工作规程　第 8 部分：配电部分》第 11.6.3 条的规定“立、撤杆时，起重工器具、电杆与带电设备应始终保持有效的绝缘遮蔽或隔离措施，并有防止起重工器具、电杆等的绝缘防护及遮蔽器具绝缘损坏或脱落的措施”。

（29）10kV 线路新建工程作业现场，现场焊接作业人员无特种作业操作证，如图 2-29 所示，属III类严重管理违章。

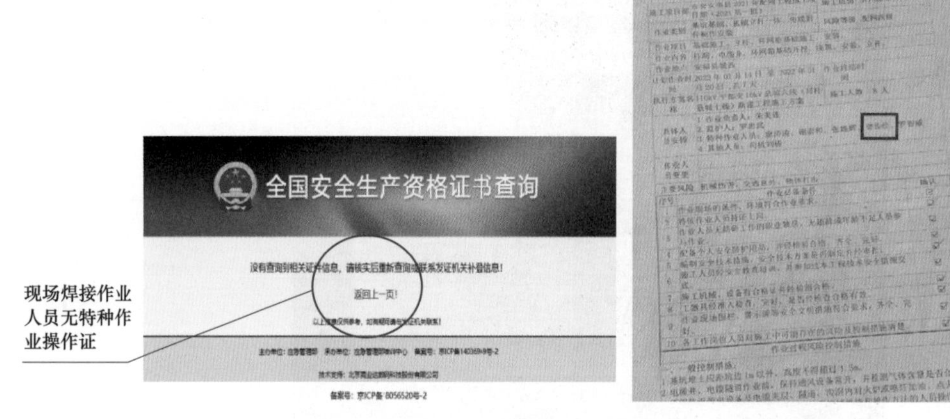

图 2-29　特种作业证查询

违章后果：特种作业人员无特种作业操作证作业的实质是作业人员未经过专业技能和安全知识培训合格就上岗，存在发生人身、设备伤害风险。

违反条款：违反《国家电网有限公司特种设备安全管理办法》第 14 条的规定“特种设备作业人员应按照国家有关规定，经特种设备安全监督管理部门考核合格，取得统一格式的特种作业人员证书，方可从事相应的作业或管理工作。《特种设备作业人员证》应按期复审。”

（30）在10kV线路配变增容工作现场，吊车作业地点上方有10kV带电线路，现场勘察记录和工作票均未辨识该项风险，均未制定相关安全措施，如图2-30所示，属III类严重管理违章。

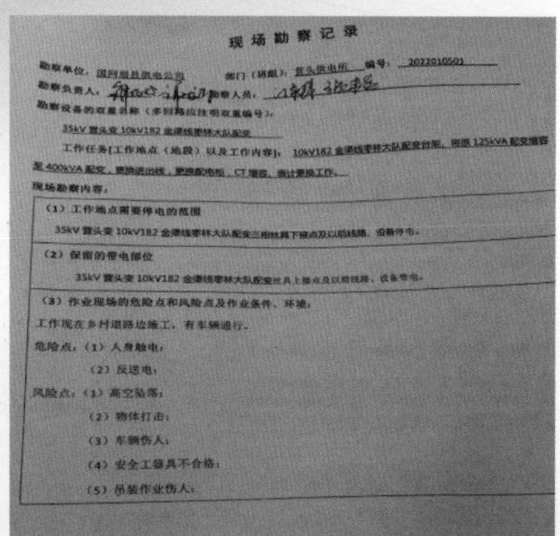

现场勘察记录

勘察单位：[illegible]　部门（班组）：[illegible]　编号：2022010501

勘察负责人：[illegible]　勘察人员：[illegible]

勘察设备的双重名称（多回路应注明双重编号）：

35kV [illegible] 10kV182 [illegible]

工作任务[工作地点（地段）以及工作内容]：10kV182 [illegible] 125kVA [illegible] 400kVA [illegible] CT [illegible]

现场勘察内容：

（1）工作地点需要停电的范围

35kV [illegible] 10kV182 [illegible]

（2）保留的带电部位

35kV [illegible] 10kV182 [illegible]

（3）作业现场的危险点和风险点及作业条件、环境：

工作现在乡村道路边施工，有车辆通行。

危险点：（1）人身触电；

（2）反送电；

风险点：（1）高空坠落；

（2）物体打击；

（3）车辆伤人；

（4）安全工器具不合格；

（5）吊装作业伤人；

图2-30　现场勘查

违章后果：吊车作业地点上方有10kV带电线路，现场勘察记录和工作票均未辨识该项风险，均未制定相关安全措施，存在勿触碰带电线路的风险。

违反条款：违反《国家电网有限公司作业安全风险管控工作规定》第二十七条的规定“作业风险定级应以每日作业计划为单元进行，同一作业计划内包含多个不同等级工作或不同类型的风险时，按就高原则定级”。

（31）在 10kV 线路更换隔离开关作业现场，一基杆塔无线路杆号，也未在作业时粘贴临时杆号牌，如图 2-31 所示，属Ⅲ类严重管理违章。

作业杆塔没有杆号牌

图 2-31　更换隔离开关

违章后果：作业线路杆塔没有杆号牌，运维作业和检修作业时，作业人员不能正确区分作业地点，存在作业人误登带电杆塔安全风险。

违反条款：违反《国家电网有限公司电力安全工作规程　第 8 部分：配电部分》第 8.8.6 条的规定“a）每基杆塔应设识别标记（色标、判别标识等）和线路名称、杆号”。

（32）在 10kV 线路立杆作业现场，使用未经检验的改装吊车，如图 2-32 所示，属III类严重管理违章。

图 2-32　立杆作业

违章后果：未经检验检测合格的改装吊车，不能证明其各项技术参数符合安全技术要求，存在极大风险，易引发事故。

违反条款：违反《国家电网有限公司电力安全工作规程　第 8 部分：配电部分》第 18.1.3 条的规定“起重设备应经检验检测机构检验合格。特种设备应在特种设备安全监督管理部门登记”。

（33）在 10kV 线路改造作业现场，立杆塔过程中基坑内有人工作，如图 2-33 所示，属III类严重行为违章。

图 2-33　立杆作业

违章后果：立杆塔过程中基坑内有人工作，如杆塔失去拉力倾倒，存在人员挤伤安全风险。

违反条款：违反《国家电网有限公司电力安全工作规程　第 8 部分：配电部分》第 8.3.3 条的规定“立、撤杆塔时，基坑内不应有人。除指挥人及指定人员外，其他人员应在杆塔高度的 1.2 倍距离以外”。

（34）10kV 带电作业现场，带电断引线时，作业人员未佩戴护目镜，如图 2-34 所示，属III类严重行为违章。

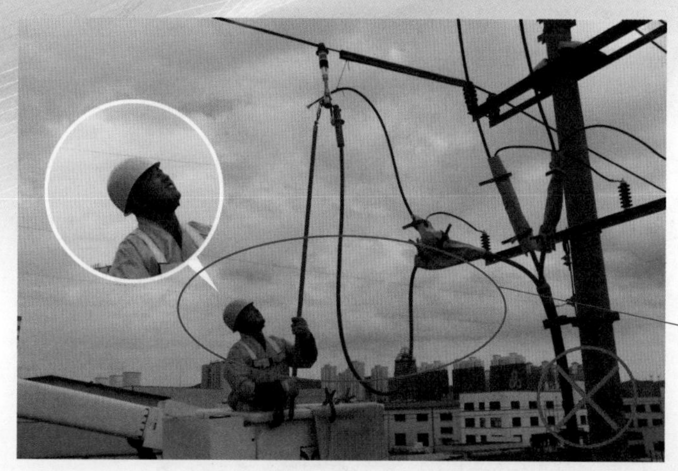

图 2-34 带电作业

违章后果：带电断引线时，若空载线路电容电流较大，在断引线瞬间会产生电弧，由于作业人员未佩戴护目镜，弧光会对作业人员眼睛造成伤害。

违反条款：违反《国家电网有限公司电力安全工作规程 第 8 部分：配电部分》第 11.2.7 条的规定“带电作业，应穿戴绝缘防护用具（绝缘服或绝缘披肩或绝缘袖套、绝缘手套、绝缘鞋、绝缘安全帽等）。带电断、接引线作业应戴护目镜，使用的安全带应有良好的绝缘性能。带电作业过程中，不应摘下绝缘防护用具”。

（35）在 10kV 线路检修现场，现场使用的吊钩式滑车吊钩无防止脱钩的保险装置，如图 2-35 所示，属Ⅲ类严重管理违章。

图 2-35　线路检修

违章后果：现场使用的吊钩式滑车吊钩无防止脱钩的保险装置，在使用滑车传递施工物品的过程中，滑车有可能杆塔横担等部位脱落，下方配合人员存在物体打击的安全风险。

违反条款：违反《国家电网有限公司电力安全工作规程　第 8 部分：配电部分》第 16.2.10.2 条的规定“使用的滑车应有防止脱钩的保险装置或封口措施。使用开门滑车时，应将开门勾环扣紧，防止绳索自动跑出”。

（36）在 10kV 线路检修作业现场,一名作业人员穿越安全围栏，如图 2-36 所示，属III类严重行为违章。

图 2-36　线路检修

违章后果：作业人员未从安全围栏出入口进出现场，存在误入带电设备区域的安全隐患。

违反条款：违反《国家电网有限公司电力安全工作规程　第 8 部分：配电部分》第 6.5.13 条的规定“作业人员不应越过遮栏（围栏）”。

（37）在 10kV 线路改造现场，已装设的接地线未在工作票登记装设时间，如图 2-37 所示，属Ⅲ类严重行为违章。

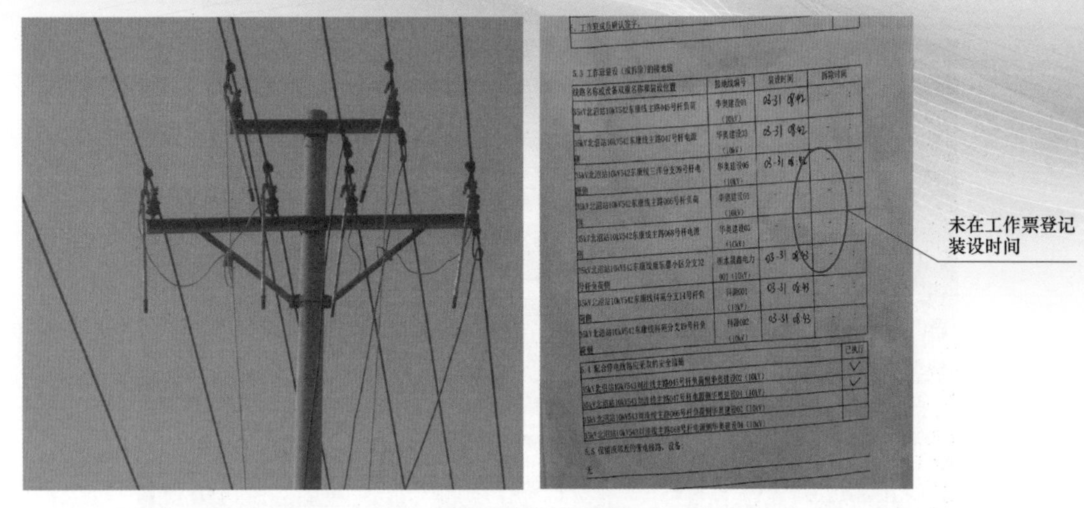

图 2-37　工作票

违章后果：已装设的接地线未在工作票登记装设时间，不能确定现场安全措施是否落实到位，如未装设接地，线路来电，存在人员触电安全风险。

违反条款：违反《国家电网有限公司电力安全工作规程　第 8 部分：配电部分》第 6.4.4 条的规定“对于因交叉跨越、平行或邻近带电线路、设备导致检修线路或设备可能产生感应电压时，应加装接地线或使用个人保安线，加装（拆除）的接地线应记录在工作票上，个人保安线由作业人员自行装拆”。

二、一般违章

（38）在10kV柱上变压器停电检修现场，变压器低压侧接地线装设在绝缘导线上，装设的接地线接触不良好，连接不可靠，如图2-38所示，属一般行为违章。

图2-38　停电检修

违章后果：接地线装设在绝缘导线上，致接地线与导线不能有效电气连接，如作业线路存在感应电或突然来电等情形，存在反送电伤人的安全风险。

违反条款：违反《国家电网有限公司电力安全工作规程　第8部分：配电部分》第6.4.10条的规定“在配电线路和设备上，接地线的装设部位应是与检修线路和设备电气直接相连去除油漆或绝缘层的导电部分。绝缘导线上的接地线应装设在验电接地环上”。

（39）在 10kV 线路架线工作现场，登杆的过程中无人监护，如图 2-39 所示，属一般行为违章。

图 2-39 登杆作业

违章后果：线路施工作业现场中在登杆的过程中未设置专责监护人，现场安全措施没有执行到位，存在误登带电杆塔的安全风险。

违反条款：违反《国家电网有限公司电力安全工作规程　第 8 部分：配电部分》第 8.8.6 条的规定“为防止误登有电线路应采取如下措施：（e）攀登杆塔和在杆塔上工作时，每基杆塔都应设专人监护”。

（40）在 10kV 配电变压器更换引线作业现场，高处作业人员未正确使用双控背带式安全带（安全带背带未系，只系了腰带），如图 2-40 所示，属一般行为违章。

图 2-40　更换引线

违章后果：作业人员在高处作业，不正确使用双控背带式安全带，不能对高处作业人员形成全方位的防坠保护，如发生高处坠落，造成高坠人员重心不稳，安全防护系数降低，存在作业人员高处坠落的风险。

违反条款：违反《国家电网有限公司电力安全工作规程　第 8 部分：配电部分》第 19.2.4 条的规定“作业人员作业过程中，应随时检查安全带是否拴牢。高处作业人员在转移作业位置时不应失去安全保护”。

（41）在 10kV 线路更换导线作业现场，作业人员对设备进行验电、装拆接地线等工作时未戴绝缘手套，如图 2-41 所示，属一般行为违章。

图 2-41　更换导线

违章后果：绝缘手套属辅助绝缘工器具，正确地使用绝缘手套进行倒闸操作，可提高高压验电人员的安全防护，如作业人员验电不戴绝缘手套，缺少一道安全防护措施，存在验电时发生人身触电的安全风险。

违反条款：违反《国家电网有限公司电力安全工作规程　第 8 部分：配电部分》第 6.3.4 条的规定“高压验电时，人体与被验电的线路、设备的带电部位应保持表 3-1 的规定安全距离。使用伸缩式验电器，绝缘棒应拉到位，验电时手应握在手柄处，不得超过护环，宜戴绝缘手套”。

（42）在 10kV 线路架设导线工作现场，接地线悬挂在隔离开关（刀闸）上，装设的接地线接触不良好，连接不可靠，如图 2-42 所示，属一般行为违章。

图 2-42　架设导线

违章后果：接地线装设不牢固，导致接地线与导线不能有效电气连接，如作业线路存在感应电或突然来电等情形，存在触电伤人的安全风险。

违反条款：违反《国家电网有限公司电力安全工作规程　第 8 部分：配电部分》第 6.4.10 条的规定“在配电线路和设备上，接地线的装设部位应是与检修线路和设备电气直接相连去除油漆或绝缘层的导电部分，绝缘导线的接地线应装设在验电接地环上”。

（43）在 10kV 线路停电作业现场，装设操作地线时接地线未完全卡入地线卡槽内，装设的接地线接触不良好，连接不可靠，如图 2-43 所示，属一般行为违章。

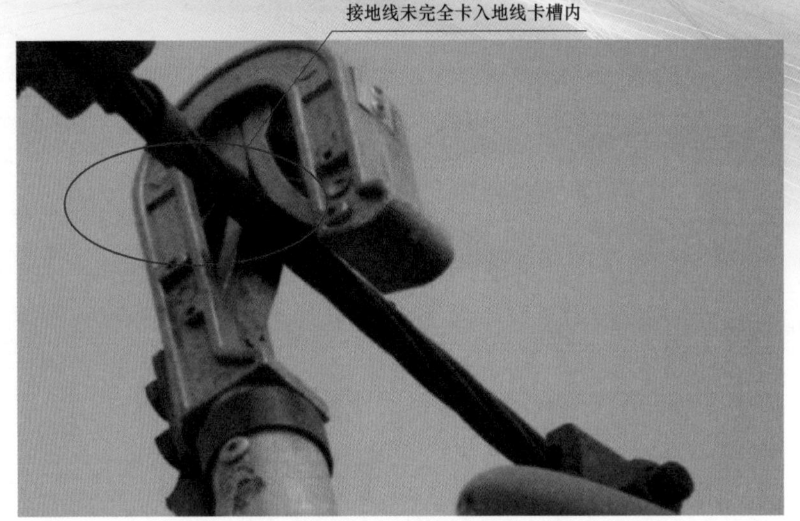

图 2-43　线路停电

违章后果：导线未完全卡入接地线卡槽内，接地电阻和电流不符合防止反送电技术要求，如作业线路存在感应电或突然来电等情形，存在触电伤人的安全风险。

违反条款：违反《国家电网有限公司电力安全工作规程　第 8 部分：配电部分》16.5.5.3 条的规定“使用时，应先接接地端，后接导线端，接地线应接触良好、连接应可靠，拆除接地线的顺序与此相反，人体不准碰触未接地的导线”。

（44）在 10kV 线路改造工程作业现场，作业现场接地体的材质、规格不符合规范要求，地下临时接地体埋设深度小于 0.6m，如图 2-44 所示，属一般行为违章。

图 2-44　接地体

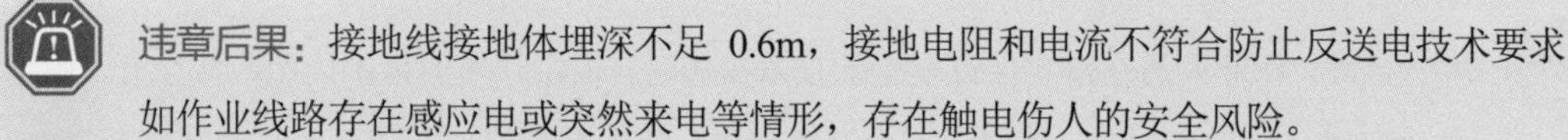

违章后果：接地线接地体埋深不足 0.6m，接地电阻和电流不符合防止反送电技术要求，如作业线路存在感应电或突然来电等情形，存在触电伤人的安全风险。

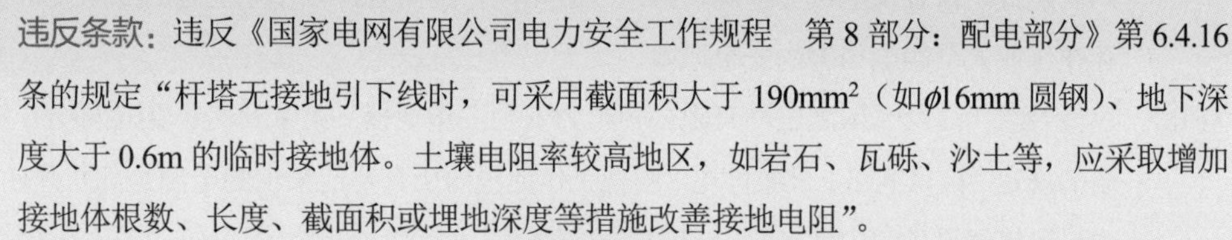

违反条款：违反《国家电网有限公司电力安全工作规程　第 8 部分：配电部分》第 6.4.16 条的规定“杆塔无接地引下线时，可采用截面积大于 190mm^2（如ϕ16mm 圆钢）、地下深度大于 0.6m 的临时接地体。土壤电阻率较高地区，如岩石、瓦砾、沙土等，应采取增加接地体根数、长度、截面积或埋地深度等措施改善接地电阻”。

（45）在 10kV 线路撤立电杆、拆架导线现场，作业范围内用户空开未拉开，如图 2-45 所示，属一般行为违章。

图 2-45　用户表箱

违章后果：作业人员在落实保证安全的技术措施时，未拉开作业范围内用户侧空开，如用户侧配置了自备发电机等情况，可通过表箱接户线向有检修作业任务的配电线路反送电，存在作业人员触电伤害的安全风险。

违反条款：违反《国家电网有限公司电力安全工作规程　第 8 部分：配电部分》第 6.2.2 条的规定“检修线路、设备停电，应把工作地段内所有可能来电的电源全部断开任何运行中星形接线设备的中性点，应视为带电设备”。

（46）在 0.4kV 低压线路改造现场，工作地点邻近带电变压器未设置安全围栏及悬挂“止步！高压危险”标示牌，如图 2-46 所示，属一般行为违章。

图 2-46　低压线路改造

违章后果：邻近带电设备作业时，应在带电设备周围设置安全围栏并悬挂“止步！高压危险”标示牌，不设置围栏及悬挂“止步！高压危险”极易造成作业人员认为该带电设备已停电，误登、误碰该带电设备，造成人员触电事故。

违反条款：违反《国家电网有限公司电力安全工作规程　第 8 部分：配电部分》第 4.3.12 条的规定“工作地点有可能误登、误碰的邻近带电设备，应根据设备运行环境悬挂‘止步，高压危险！’等标示牌”。

（47）在 10kV 线路清理线下树作业现场，在通行道路上作业，斗臂车周围未装设遮栏（围栏），未在相应部位装设警告标示牌，如图 2-47 所示，属一般行为违章。

图 2-47　清理线下树枝

违章后果：在通行道路上进行施工时，吊车周围未设置安全围栏及警告标示牌，社会车辆及无关人员有可能误入施工现场，存在安全风险。

违反条款：违反《国家电网有限公司电力安全工作规程　第 8 部分：配电部分》第 6.5.12 条的规定“城区、人口密集区或交通道口和通行道路上施工时，工作场所周围应装设遮栏（围栏），并在相应部位装设警告标示牌。必要时，派人看管”。

（48）在10kV线路新建工程现场，吊车悬挂重物时，起重设备操作人员在作业过程中离开操作位置，如图2-48所示，属一般行为违章。

图2-48　吊车作业

违章后果：吊车悬挂重物时，驾驶员离开驾驶室，遇到突发情况不能及时进行应急处理。

违反条款：违反《国家电网有限公司电力安全工作规程　第8部分：配电部分》第11.6.2条的规定“作业时，杆根作业人员应穿绝缘靴、戴绝缘手套，起重设备操作人员应穿绝缘靴。起重设备操作人员在作业过程中不得离开操作位置”。

（49）在 10kV 线路作业现场，作业人员在超过 1.5 米深的基坑内作业时，未做好临边防护措施，如图 2-49 所示，属一般行为违章。

图 2-49　线路作业

违章后果：在超过 1.5m 深的基坑内作业时，无防止土层塌方的临边防护措施，极易引发坑边土方、浇制楼板塌陷滚落，造成坑内人员伤害。

违反条款：违反《国家电网有限公司电力安全工作规程　第 8 部分：配电部分》第 8.1.3 条的规定“在超过 1.5m 深的基坑内作业时，向坑外抛掷土石应防止土石回落坑内，并做好防止土层塌方的临边防护措施”。

（50）在 10kV 线路更换导线作业现场，工作地段内支路隔离开关未拉开，如图 2-50 所示，属一般行为违章。

图 2-50　更换导线

违章后果：工作地段内支路隔离开关未拉开，存在反送电安全风险，易造成作业人员人身触电事故。

违反条款：违反《国家电网有限公司电力安全工作规程　第 8 部分：配电部分》第 6.2.2 条的规定“检修线路、设备停电，应把工作地段内所有可能来电的电源全部断开（任何运行中星形接线设备的中性点，应视为带电设备）”。

（51）在 10kV 线路更换电杆工作现场，临时拉线固定在不可靠的物体上（树木或外露岩石、有可能移动或其他不可靠的物体上），如图 2-51 所示，属一般行为违章。

图 2-51　临时拉线

违章后果：树木作为受力桩，不能核算其承受的拉力强度，若拉线拉力超过树木承受的拉力程度，则树木折断造成倒杆的安全风险。

违反条款：违反《国家电网有限公司电力安全工作规程　第 8 部分：配电部分》第 8.3.6 条的规定“使用临时拉线时应注意以下事项：a）不应利用树木或外露岩石作受力桩”。

（52）在 10kV 线路安装开关、刀闸作业现场，作业人员在装设接地线的过程中手抓接地线，如图 2-52 所示，属一般行为违章。

图 2-52　施工作业

违章后果：绝缘手套属辅助绝缘安全工器具，不能作为主绝缘对带电设备进行直接操作，作业人员戴绝缘手套直接接触接地线，如导线带电，存在人身触电的风险。

违反条款：违反《国家电网有限公司电力安全工作规程　第 8 部分：配电部分》第 6.4.6 条的规定“装、拆接地线均应使用绝缘棒并戴绝缘手套，人体不得碰触接地线或未接地的导线”。

（53）在 10kV 线路抢修现场，作业人员使用拉杆操作开关未戴绝缘手套，如图 2-53 所示，属一般行为违章。

图 2-53　操作开关

违章后果：杆上作业人员操作开关时未戴绝缘手套，降低了防触电的安全防护级别，不能有效保证人身安全。

违反条款：违反《国家电网有限公司电力安全工作规程　第 8 部分：配电部分》第 7.2.6.10 条的规定“操作机械传动的断路器（开关）或隔离开关 （刀闸）时，应戴绝缘手套”。

（54）在 10kV 带电作业现场，带电作业过程中，杆上作业人员用手直接向绝缘斗内作业人员传递工具，未履行邻近带电线路作业时使用绝缘绳索传递工具的规定，如图 2-54 所示，属一般行为违章。

图 2-54　带电作业

违章后果：杆上和斗内作业人员分别处于不同电位位置，传递工具时未使用绝缘绳索而直接用手传递，因电位差而产生电击，存在作业人员触电伤害的安全风险。

违反条款：违反《国家电网有限公司电力安全工作规程　第 8 部分：配电部分》第 11.2.15 条的规定“地电位作业人员不应直接向进入电场的作业人员传递非绝缘物件。上、下传递工具、材料均应使用绝缘绳绑扎，不应抛掷”。

（55）在 10kV 线路改造工程，安装金具及铁附件工作现场。作业起始时间早于工作计划开始时间施工，如图 2-55 所示，属一般行为违章。

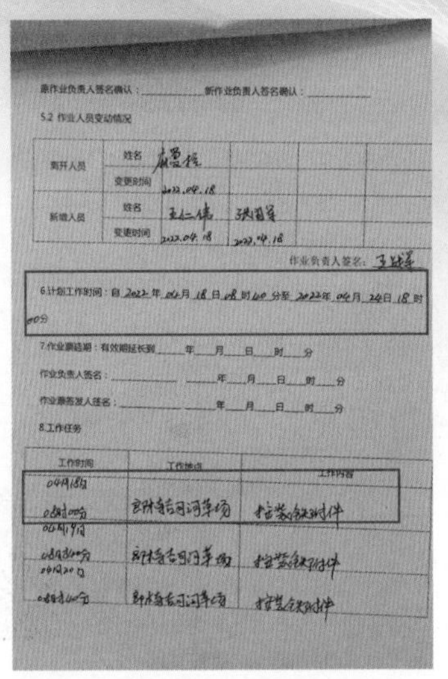

原作业负责人签名确认：________ 新作业负责人签名确认：________

5.2 作业人员变动情况

离开人员	姓名	[illegible]			
	变更时间	2022.04.18			
新增人员	姓名	[illegible]	[illegible]		
	变更时间	2022.04.18	2022.04.18		

作业负责人签名：[illegible]

6.计划工作时间：自 2022 年 04 月 18 日 08 时 40 分至 2022 年 04 月 24 日 18 时 00 分

7.作业票延期：有效期延长到____年____月____日____时____分

作业负责人签名：________ ____年____月____日____时____分

作业票签发人签名：________ ____年____月____日____时____分

8.工作任务

工作时间	工作地点	工作内容
04月18日 08时00分	[illegible]	[illegible]
04月19日 08时40分	[illegible]	[illegible]
04月20日 08时40分	[illegible]	[illegible]

图 2-55　安装金具工作单

违章后果：作业起始时间早于工作计划开始时间施工，计划刚性执行管控不力，存在现场组织管理措施准备不充分、落实不到位的问题。

违反条款：违反《国家电网有限公司电力安全工作规程　第 8 部分：配电部分》第 5.3.10.1 条的规定“工作票的有效期，以批准的检修时间为限。批准的检修时间为调度控制中心或设备运维管理单位批准的开工至完工时间”。

（56）在 10kV 线路综合检修工程现场，汽车起重机吊装作业过程中，操作人员离开操作室，如图 2-56 所示，属一般行为违章。

图 2-56　吊车作业

违章后果：汽车起重机吊装作业过程中，操作人员离开操作室，存在突发状况时无法及时处置的风险。

违反条款：违反《国家电网有限公司电力安全工作规程　第 8 部分：配电部分》第 11.6.2 条的规定“起重设备操作人员在作业过程中不得离开操作位置”。

（57）在 10kV 线路挖坑立杆工作现场，施工现场的专责监护人兼做其他工作，如图 2-57 所示，属一般行为违章。

图 2-57　挖坑立杆

违章后果：专责监护人参与现场工作，不能有效履行其监护职责，不能对其监护范围内的动态隐患、安全风险进行有效管控。

违反条款：违反《国家电网有限公司电力安全工作规程　第 8 部分：配电部分》第 5.5.5 条的规定“ 专责监护人不应兼做其他工作。专责监护人临时离开时，应通知被监护人员停止工作或离开工作现场；专责监护人回来前，不应恢复工作。专责监护人需长时间离开工作现场时，应由工作负责人变更专责监护人，履行变更手续，并告知全体被监护人员”。

（58）在 10kV 线路新建开关接引现场，拆除接地线时操作者的手握部位越过护环，如图 2-58 所示，属一般行为违章。

图 2-58　拆除接地线

违章后果：拆除接地线时未握绝缘手柄拆除接地线，人体与线路不能保持足够的安全距离，存在人身触电的风险。

违反条款：违反《国家电网公司电力安全工器具管理规定》的规定“绝缘杆操作时，人体应与带电设备保持足够的安全距离，操作者的手握部位不得越过护环，以保持有效的绝缘长度，并注意防止绝缘操作杆被人体或设备短接”。

（59）在10kV带电作业现场，带电作业前，绝缘斗臂车未在预定位置空斗试操作一次，如图2-59所示，属一般行为违章。

图2-59 带电作业

违章后果：作业人员使用绝缘斗臂车前，未进行空斗试操作，未提前对车辆及操作部件进行操作预检验，不能提前掌握和消除车辆安全隐患，不能保证车辆在作业期间的安全状况，存在安全隐患。

违反条款：违反《国家电网有限公司电力安全工作规程 第8部分：配电部分》第19.1.5条的规定“使用高空作业车、带电作业车、高处作业平台等进行高处作业时，位于高处的作业平台应处于稳定状态，作业人员应使用安全带。移动车辆时，应将平台收回，作业平台上不应载人。高空作业车（带斗臂）使用前应在预定位置空斗试操作一次”。

（60）在 10kV 立杆架线现场，施工吊车使用磨损的纤维绳吊装杆塔底盘，如图 2-60 所示，属一般行为违章。

图 2-60　立杆架线

违章后果：使用有磨损的纤维绳吊装杆塔底盘，在吊装过程中纤维绳有可能断开，存在下方配合人员被砸伤的安全风险。

违反条款：违反《国家电网有限公司电力安全工作规程　第 8 部分：配电部分》第 16.2.9.1 条的规定“不应使用出现松股、散股、断股、严重磨损的纤维绳。纤维绳（麻绳）有霉烂、腐蚀、损伤者不应用于起重作业”。

（61）在 10kV 开闭所设备检修现场，作业人员使用低压用电工具，作业人员采用电源导线直接插入插座的方式接取低压电源，未单独设开关或插座，如图 2-61 所示，属一般行为违章。

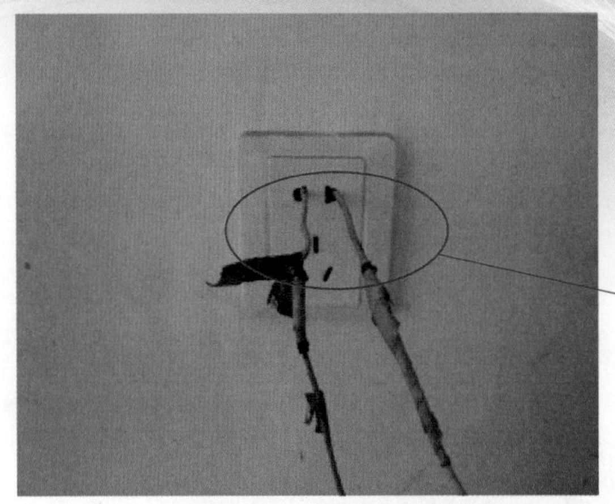

图 2-61　导线直接插入插座

违章后果：作业人员采用电源导线直接插入插座的方式接取低压电源，未使用专用插头，在接取过程中存在作业人员低压触电风险；在使用过程中，易引发因接头接触不良造成导线打火放电的安全隐患。

违反条款：违反《国家电网有限公司电力安全工作规程　第 8 部分：配电部分》第 16.4.1 条的规定“连接电动机械及电动工具的电气回路应单独设开关或插座，并装设剩余电流动作保护装置，金属外壳应接地。电动工具应做到‘一机一闸一保护’”。

（62）在新装 10kV 线路新建工程，电杆组立、导线架设、电缆敷设工作现场，未按规定开展现场勘察或未留存勘察记录，如图 2-62 所示，属一般行为违章。

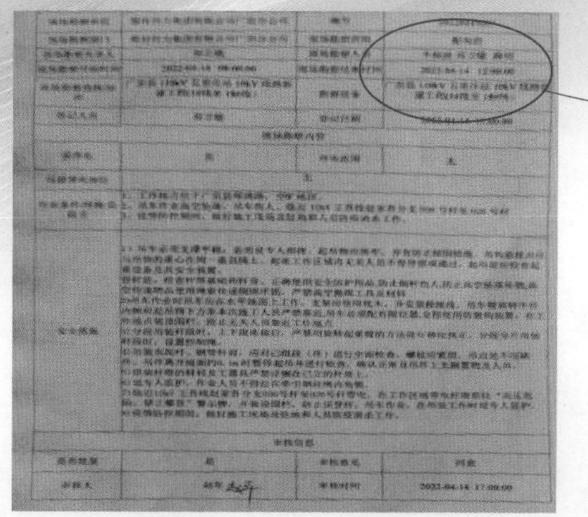

现场勘察人员未手写签字确认

图 2-62　勘察单

违章后果：未按规定开展现场勘察或未留存勘察记录，现场勘察人员未手写签字确认，不能证明勘察人员参与了现场勘察，不能保证作业方式、危险点及预控措施等关键要素。

违反条款：违反《国家电网有限公司关于进一步加强生产现场作业风险管控工作的通知》配电现场作业风险管控实施细则：（四）现场勘察组织：现场勘察完成后，应采用文字、图片或影像相结合的方式规范填写勘察记录，明确作业方式、危险点及预控措施等关键要素，并由所有参与现场勘察人员签字确认，作为检修方案编制的重要依据。

（63）在10kV箱变安装作业现场，切割作业使用中的氧气瓶和乙炔气瓶未垂直固定放置，如图2-63所示，属一般行为违章。

图2-63 氧气瓶

违章后果：使用中的氧气瓶和乙炔气瓶未垂直固定放置，容易造成氧气瓶输出管路气压不稳或管路爆裂，存在安全隐患。

违反条款：违反《国家电网有限公司电力安全工作规程 第8部分：配电部分》第17.3.6条的规定"使用中的氧气瓶和乙炔气瓶应垂直固定放置，氧气瓶和乙炔气瓶的距离不应小于 5m；气瓶的放置地点不应靠近热源，应距明火10m以外"。

（64）在 10kV 线路改造现场，吊车在吊杆过程使用变形并带有断股的钢丝绳，如图 2-64 所示，属一般行为违章。

图 2-64　换杆作业

违章后果：吊车在吊杆过程使用变形并带有断股的钢丝绳，存在钢丝绳断裂，吊物掉落的安全风险。

违反条款：违反《国家电网有限公司电力安全工作规程　第 8 部分：配电部分》第 16.2.7.1 条的规定“钢丝绳的保养、维护、检验和报废应遵循 GB/T 5972 的要求：6.4 断股，如果钢丝绳发生整股断股，则应立即报废”。

（65）在 10kV 带电接引作业现场，绝缘斗臂车移动车辆时，作业平台上载人，如图 2-65 所示，属一般行为违章。

图 2-65　带电接引

违章后果：绝缘斗臂车行驶过程中，如绝缘斗内载人，由于道路颠簸，存在将斗内人员甩出或碰伤风险。

违反条款：违反《国家电网有限公司电力安全工作规程　第 8 部分：配电部分》第 19.1.5 条的规定“使用高空作业车、带电作业车、高处作业平台等进行高处作业时，位于高处的作业平台应处于稳定状态，作业人员应使用安全带。移动车辆时，应将平台收回，作业平台上不应载人。高空作业车（带斗臂）使用前应在预定位置空斗试操作一次”。

（66）在 10kV 线路架设导线作业现场，使用的钢丝绳插接长度不够 300mm，如图 2-66 所示，属一般装置违章。

图 2-66　钢丝绳

违章后果：插接长度不满足要求情况下，钢丝绳连接不牢固，如投入使用，存在发生钢丝绳断裂的安全风险。

违反条款：违反《国家电网有限公司电力安全工作规程　第 8 部分：配电部分》第 14.2.7.3 条的规定“插接的环绳或绳套，其插接长度应大于钢丝绳直径的 15 倍，且不得小于 300mm。新插接的钢丝绳套应做 125%允许负荷的抽样试验”。

（67）在10kV线路改造作业现场，作业人员在杆塔高处作业时，工器具浮搁在已立的杆塔，未做好防坠措施，如图2-67所示，属一般行为违章。

图2-67　高处作业

违章后果：杆上作业人员未对作业使用的工器具采取安全有效的固定防坠落措施，存在工器具掉落造成杆下配合人员遭受物体打击的安全风险。

违反条款：违反《国家电网有限公司电力安全工作规程　第8部分：配电部分》第19.1.6条的规定“高处作业应使用工具袋。上下传递材料、工器具应使用绳索；邻近带电线路作业的，应使用绝缘绳索传递，较大的工具应用绳拴在牢固的构件上”。

（68）在 10kV 线路更换隔离开关作业现场，作业人员携带接地线攀登杆塔，如图 2-68 所示，属一般行为违章。

图 2-68　攀登杆塔

违章后果：作业人员携带接地线攀登杆塔，人为增加登杆人员的整体重量，易造成该人员在登杆过程中的高坠伤害。

违反条款：违反《国家电网有限公司电力安全工作规程　第 8 部分：配电部分》第 8.2.2 条的规定“杆塔作业应禁止以下行为：b）手持工器具、材料等上下杆或在杆塔上移位”。

（69）在 10kV 线路检修作业现场，现场使用吊车接地线挂接在没有打磨的漆面上，不能保持接触良好，如图 2-69 所示，属一般行为违章。

图 2-69　吊车作业

违章后果：现场使用吊车接地线挂接在没有打磨的漆面上，不能保持接触良好，若发生触电，不能有效接地，不能有效保护参加吊装作业人员人身安全。

违反条款：违反《国家电网有限公司电力安全工作规程　第 8 部分：配电部分》第 6.4.15 条的规定“接地线应接触良好、连接可靠，使用专用的线夹固定在导体上，不应用缠绕的方法接地或短路。不应使用其他导线接地或短路”。

（70）在 10kV 室内安装配电柜现场，使用中的电焊机外壳未接地，如图 2-70 所示，属一般装置违章。

图 2-70　电焊机

违章后果：电焊机在使用过程中，使用 380V 电源提供动力，如电焊机外壳未接地，电焊机内部绝缘层破损的情况下，存在电焊机外壳带电造成触电伤人的安全隐患。

违反条款：违反《国家电网有限公司电力安全工作规程　第 8 部分：配电部分》第 16.4.2 条的规定："电动工具使用前，应检查确认电线、接地或接零完好；检查确认工具的金属外壳可靠接地"。

（71）在 10kV 线路改造工程拆旧施工现场，收线车链条转动部分防护罩缺失，如图 2-71 所示，属一般装置违章。

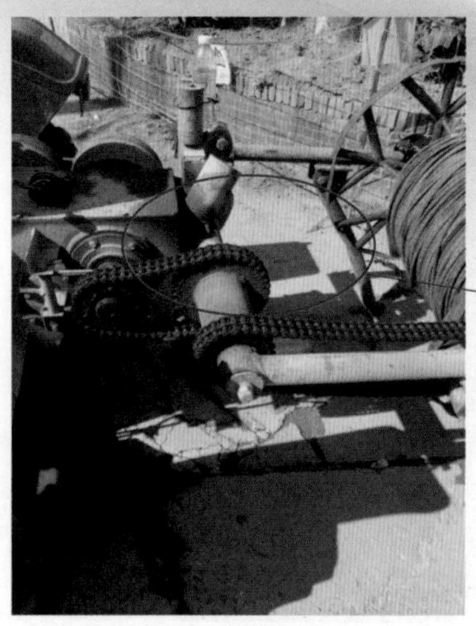

图 2-71　拆旧施工

违章后果：收线车在收线作业时，转动的链条无防护罩防护，存在转动的链条对作业人员手、脚卷入绞伤的安全风险。

违反条款：违反《国家电网有限公司电力安全工作规程　第 8 部分：配电部分》附录 K 起重机具检查和试验周期、质量参考标准第 7（7）条的规定“机械转动部分防护罩完整，开关及电动机外壳接地良好”。

（72）在 10kV 线路做断引安装断路器现场，现场使用钢丝绳插接的绳套长度不够 30cm，如图 2-72 所示，属一般装置违章。

图 2-72　钢丝绳

违章后果：现场使用钢丝绳插接的绳套长度不够，不能保证连接紧固性，在使用过程中存在松脱的安全风险。

违反条款：违反《国家电网有限公司电力安全工作规程　第 8 部分：配电部分》第 16.2.7.3 条的规定“插接的环绳或绳套，其插接长度应大于钢丝绳直径的 15 倍，且不应小于 300mm。新插接的钢丝绳套应做125%允许负荷的抽样试验”。

（73）在10kV线路检修作业现场，现场杆塔上作业人员使用的传递绳破损严重，如图2-73所示，属一般装置违章。

图2-73　线路检修

违章后果：杆上作业人员使用破损严重的传递绳传递物料时，存在绳索断裂造成杆下作业人员遭受物体打击的安全风险。

违反条款：违反《国家电网有限公司电力安全工作规程　第8部分：配电部分》第16.2.9.1条的规定“不应使用出现松股、散股、断股、严重磨损的纤维绳。纤维绳（麻绳）有霉烂、腐蚀、损伤者不应用于起重作业”。

（74）在 10kV 线路检修作业现场，接地针埋设不符合接地要求（贴近电杆插入地下），且螺母松动，如图 2-74 所示，属一般装置违章。

图 2-74　接地线

违章后果：接地针埋设不符合接地要求（贴近电杆插入地下），且螺母松动，人为增加接地电阻值，如检修线路突然来电或存在感应电，不能有效保护接地线范围内的工作人员人身安全。

违反条款：违反《国家电网有限公司电力安全工作规程　第 8 部分：配电部分》第 6.4.15 条的规定“接地线应接触良好、连接可靠，使用专用的线夹固定在导体上，不应用缠绕的方法接地或短路。不应使用其他导线接地或短路”。

（75）在安全工器具室存放的一顶安全帽帽壳有裂纹，如图 2-75 所示，属一般装置违章。

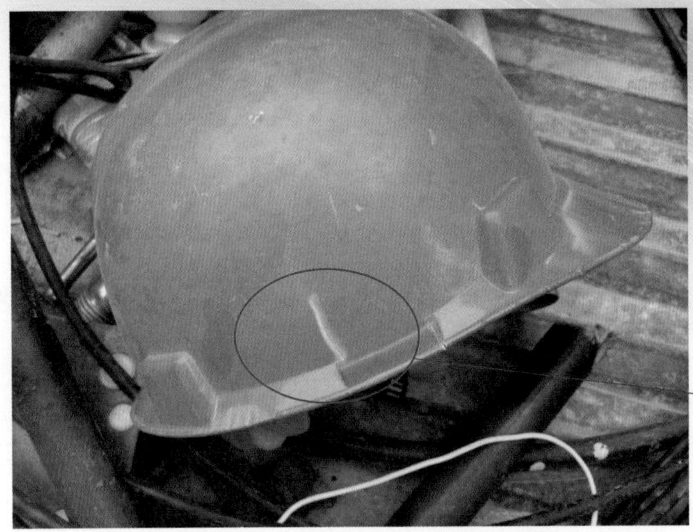

图 2-75　安全工器具室

违章后果：安全帽帽壳有裂纹，降低了安全帽的耐冲性和耐穿透性能，如作业人员佩戴此类安全帽参加作业，在存在物体打击安全风险的作业环境中，可能对作业人员头部造成伤害。

违反条款：违反《国家电网有限公司电力安全工作规程　第 8 部分：配电部分》第 16.5.2.1 条的规定“使用前，应检查帽壳、帽衬（帽箍、吸汗带、缓冲垫及衬带）、帽箍扣、下颏带等组件完好无缺失”。

（76）在班组安全工器具柜中存放的绝缘手套粘连破损严重，如图 2-76 所示，属一般装置违章。

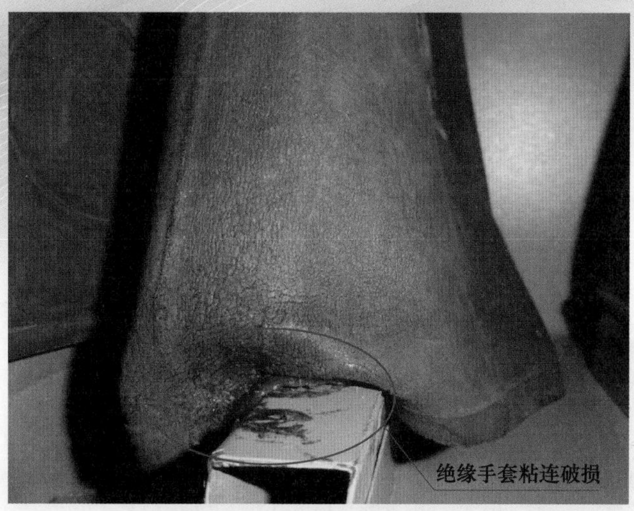

图 2-76　安全工器具柜

违章后果：绝缘手套粘连破损，导致绝缘性能降低，如作业人员使用该类绝缘手套，存在因绝缘手套绝缘性能不足而触电的安全风险。

违反条款：违反《国家电网有限公司电力安全工作规程　第 8 部分：配电部分》第 16.5.3.1 条的规定“应质地柔软良好，内外表面均应平滑、完好无损，无划痕、裂缝、折缝和孔洞”。

（77）在 10kV 线路电缆敷设工作现场，以吊车悬挂电缆盘方式展放电缆，如图 2-77 所示，属一般装置违章。

图 2-77　绞磨机滚筒

违章后果：以吊车悬挂电缆盘方式展放电缆，电缆盘架变形，存在电缆散坠风险，存在机械伤害的安全风险。

违反条款：违反《国家电网有限公司电力安全工作规程　第 8 部分：配电部分》第 8.4.4 条的规定“放线、紧线前，应检查确认导线无障碍物挂住，导线与牵引绳的连接应可靠，线盘架应稳固可靠、转动灵活、制动可靠”。

（78）在 10kV 线路台区配电变压器改造现场，吊车使用的接地线截面积不达标，如图 2-78 所示，截面积不足 $16mm^2$，属一般装置违章。

图 2-78　台区配电变压器改造

违章后果：吊车接地线截面积不足 $16mm^2$，地线通流能力降低，一旦发生吊车误碰高压带电设备，高压接地电流将通过车体和吊车接地线导入大地，由于吊车接地线截面积不满足载流容量要求，可导致吊车接地线熔断，不能有效保护参加吊装作业人员人身安全。

违反条款：违反《国家电网有限公司电力安全工作规程　第 8 部分：配电部分》第 18.2.9 条的规定 “在带电设备区域内使用起重机等起重设备时，应安装接地线并可靠接地，接地线应用多股软铜线，其截面积不应小于$16mm^2$”。

（79）在变压器带电拆除、搭接引流线现场，现场使用的梯子无限高标志，如图 2-79 所示，属一般装置违章。

图 2-79　梯子

违章后果：梯子属登高工器具，没有限高标志，不能对登梯人员进行有效登高警示。

违反条款：违反《国家电网有限公司电力安全工作规程　第 8 部分：配电部分》第 19.4.2 条的规定“单梯的横档应嵌在支柱上，并在距梯顶1m处设限高标志。使用单梯工作时，梯腿与地面的斜角度为 65°~75°”。

（80）在低压台区抢修现场，作业人员使用的人字梯没有限制开度的措施，如图 2-80 所示，属一般装置违章。

图 2-80　人字梯

违章后果：人字梯没有限制开度的措施，工作人员在梯子上工作时，梯子会向外扩张，存在人字梯上的工作人员摔伤的危险。

违反条款：违反《国家电网有限公司电力安全工作规程　第 8 部分：配电部分》第 19.4.3 条的规定“梯子不宜绑接使用。人字梯应有限制开度的措施”。

（81）在 10kV 线路施工作业，现场工作票中配合停电线路名称与现场名称不一致。工作票中为备用Ⅰ线和备用Ⅱ线，现场实际为某某路Ⅰ线 538、某某路Ⅱ539，如图 2-81 所示，属一般管理违章。

图 2-81　线路施工作业

违章后果：工作票中配合停电线路名称与现场实际线路名称不一致，易出现作业人员误登杆塔，造成人身触电事故。

违反条款：违反《国家电网有限公司电力安全工作规程　第 8 部分：配电部分》第 8.8.2 条的规定“工作负责人在接受许可开始工作的命令前，应与工作许可人核对停电线路双重称号无误”。

（82）在安全工器具室存放的新购置 10kV 验电器未粘贴试验合格证，如图 2-82 所示，属一般管理违章。

图 2-82 安全工器具室

违章后果：安全工器具柜存放新购置的验电器未粘贴验合格，不能有效地证明该验电器是否合格，如作业人员使用此类验电器，存在作业人员触电安全风险。

违反条款：违反了《国家电网有限公司电力安全工作规程　第 8 部分：配电部分》第 16.6.2.4 条的规定“电力安全工器具经预防性试验合格后，应由检测机构在不妨碍绝缘性能、使用性能且醒目的部位粘贴‘合格证’标签或电子标签”。

（83）在 10kV 线路分支切改作业现场，现场使用的起重机无牌照、无检测合格证，如图 2-83 所示，属一般管理违章。

图 2-83　线路切改作业

违章后果：起重机无机动车牌照，无检验检测合格证，不能证明该起重机各项技术参数符合安全技术要求，使用这样的起重机，存在较大安全风险。

违反条款：违反《国家电网公司电力建设起重机械安全监督管理办法》第五节“日常管理”第三十六条的规定“起重机械使用单位应将定期检验标志置于起重机械的显著位置，未经定期检验或者检验不合格的起重机械，不得继续使用”。

（84）在 10kV 线路带电作业现场，将绝缘手套作为主绝缘对设备进行直接操作，如图 2-84 所示，属一般管理违章。

图 2-84　带电作业

违章后果：作业人员在进行绝缘手套法作业时，错误地将绝缘手套作为相地之间主绝缘，忽视了绝缘防护用具仅可作为辅助绝缘的规定，存在人身触电安全风险。

违反条款：违反 GB/T 18857《配电线路带电作业技术导则》第 6.2.5 条的规定“绝缘手套作业法中，绝缘承载工具为相地主绝缘，空气间隙为相间主绝缘，绝缘遮蔽用具、绝缘防护用具为辅助绝缘”。

（85）在 10kV 线路改造作业现场，现场勘察无设备运维管理单位人员参加，如图 2-85 所示，属一般行为违章。

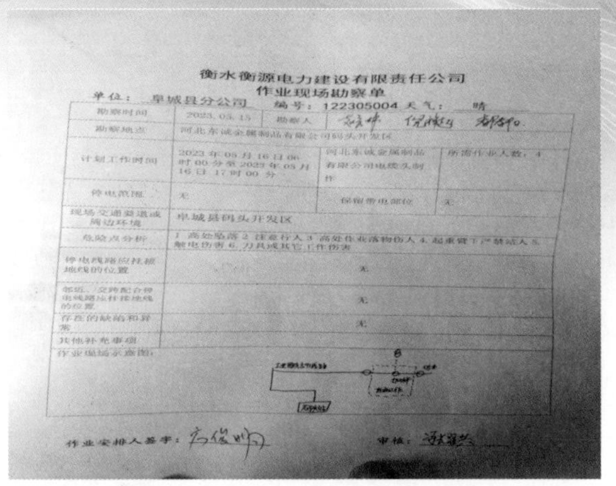

衡水衡源电力建设有限责任公司
作业现场勘察单

单位： 阜城县分公司 编号：122305004 天气： 晴

勘察时间	2023.05.15	勘察人	
勘察地点	河北东诚金属制品有限公司码头开发区		
计划工作时间	2023 年 05 月 16 日 06 时 00 分至 2023 年 05 月 16 日 17 时 00 分	河北东诚金属制品有限公司电缆头制作	所需作业人数：4
停电范围	无	保留带电部位	无
现场交通道路或周边环境	阜城县码头开发区		
危险点分析	1 高处坠落 2 注意行人 3 高处作业落物伤人 4. 起重臂下严禁站人 5. 触电伤害 6. 刀具或其它工作伤害		
停电线路应挂接地线的位置	无		
邻近、交跨配合停电线路应挂接地线的位置	无		
存在的缺陷和异常	无		
其他补充事项			
作业现场示意图：			

作业安排人签字： 审核：

图 2-85 现场勘察单

违章后果：立杆塔过程中基坑内有人工作，如杆塔失去拉力倾倒，存在人员挤伤安全风险。

违反条款：违反《国家电网有限公司电力安全工作规程 第 8 部分：配电部分》第 5.2.2 条的规定“现场勘察应由工作票签发人或工作负责人组织，工作负责人、设备运维管理单位（用户单位）和检修（施工）单位相关人员参加。对涉及多专业、多部门、多单位的作业项目，应由项目主管部门、单位组织相关人员共同参与”。

（86）在 10kV 线路检修现场，配电线路停电验电，未在装设接地线处验电，如图 2-86 所示，属一般行为违章。

图 2-86 装设接地线

违章后果：作业人员在落实保证安全的技术措施时，未按照停电、验电、装设接地线的规定程序和步骤逐项落实措施，在装设接地线前未落实验电安全措施，存在接地线装设人员人身触电伤害安全风险。

违反条款：违反《国家电网有限公司电力安全工作规程 第 8 部分：配电部分》第 6.3.1 条的规定“配电线路和设备停电检修，接地前，应使用相应电压等级的接触式验电器或测电笔，在装设接地线或合接地刀闸处逐相分别验电。架空配电线路和高压配电设备验电应有人监护”。

（87）在 0.4kV 低压线路综合检修现场，作业低压线路漏挂一相接地线，如图 2-87 所示，属一般行为违章。

图 2-87　综合检修

违章后果：作业低压线路其中一相未接地并短路。当线路意外来电时，不能起到接地保护作用，存在人员触电伤害风险。

违反条款：违反《国家电网有限公司电力安全工作规程　第 8 部分：配电部分》第 6.4.8 条的规定“当验明检修的低压配电线路、设备确已无电压后，至少应采取以下措施之一防止反送电：a）所有相线和零线接地并短路”。

（88）在10kV线路立杆、配变接引现场，杆上作业人员向下抛掷施工材料，如图2-88所示，属一般行为违章。

图2-88　杆上作业

违章后果：杆上作业人员高空抛物，存在杆下配合人员被抛掷的施工材料物体打击的安全风险。

违反条款：违反《国家电网有限公司电力安全工作规程　第8部分：配电部分》第19.1.6条的规定“高处作业应使用工具袋。上下传递材料、工器具应使用绳索；邻近带电线路作业的，应使用绝缘绳索传递，较大的工具应用绳拴在牢固的构件上”。

（89）在 10kV 线路架设现场，带有开门装置的放线滑车，无关门保险，如图 2-89 所示，属一般装置违章。

图 2-89　架设导线

违章后果：带有开门装置的放线滑车，无关门保险，易发生导线脱落的安全事故。

违反条款：违反《国家电网有限公司电力安全工作规程　第 8 部分：配电部分》第 16.2.10.2 条的规定“使用的滑车应有防止脱钩的保险装置或封口措施。使用开门滑车时，应将开门勾环扣紧，防止绳索自动跑出”。

（90）在 10kV 配电线路施工现场，在带电设备附近起吊作业，吊车未可靠接地，如图 2-90 所示，属一般行为违章。

图 2-90　线路施工

违章后果：吊车吊装杆塔作业时，如吊车吊臂误碰 10kV 带电导线，存在作业人员触电的安全风险，不能确保作业人员的人身安全。

违反条款：违反《国家电网有限公司电力安全工作规程　第 8 部分：配电部分》第 18.2.9 条的规定"在带电设备区域内使用起重机等起重设备时，应安装接地线并可靠接地，接地线应用多股软铜线，其截面积不得小于 16mm^2"。

（91）在 10kV 线路架线作业现场，施工现场邻近交通道口未装设围栏等警示标志，如图 2-91 所示，属一般行为违章。

图 2-91　架线

违章后果：作业现场邻近交通路口不装设遮栏，容易造成过往人员和车辆进入作业区域，给作业人员和过往行人和车辆带来安全隐患，存在人身伤害或交通事故的安全风险。

违反条款：违反《国家电网有限公司电力安全工作规程　第 8 部分：配电部分》第 6.5.12 条的规定“城区、人口密集区或交通道口和通行道路上施工时，工作场所周围应装设遮栏（围栏），并在相应部位装设警告标示牌。必要时，派人看管”。

（92）在 10kV 线路更换导线作业现场，杆塔临时拉线固定方式未使用地锚，而是固定在了机动车上，如图 2-92 所示，属一般行为违章。

图 2-92　临时拉线

违章后果：车辆属可能移动物体，不得作为拉线的固定点，在作业过程中，如车辆移动可能会发生倒杆事故。

违反条款：违反《国家电网有限公司电力安全工作规程　第 8 部分：配电部分》第 8.3.6 条的规定“c 临时拉线不应固定在有可能移动或其他不可靠的物体上”。

（93）在 10kV 线路改造工程架设导线作业现场，使用的线盘架无刹车制动装置，如图 2-93 所示，属一般装置违章。

图 2-93　架设导线

违章后果：线盘架无刹车制动装置，放线过程中对电线盘的放线速度不好控制，当进行强制刹车制动时，存在对作业人员人身产生伤害的安全风险。

违反条款：违反《国家电网有限公司电力安全工作规程　第 8 部分：配电部分》第 8.4.4 条的规定“放线、紧线前，应检查确认导线无障碍物挂住，导线与牵引绳的连接应可靠，线盘架应稳固可靠、转动灵活、制动可靠”。

（94）在 10kV 线路检修作业现场，工作人员现场装设的接地线与接地钎固定螺丝松动，连接不可靠，如图 2-94 所示，属一般行为违章。

图 2-94　接地钎

违章后果：接地线与接地钎固定螺丝松动，造成接地线与接地钎接触不良，连接不可靠，如检修线路突然来电或存在感应电，不能有效保护接地线范围内的工作人员人身安全。

违反条款：违反《国家电网有限公司电力安全工作规程　第 8 部分：配电部分》第 6.4.15 条的规定“接地线应接触良好、连接可靠，使用专用的线夹固定在导体上，不应用缠绕的方法接地或短路。不应使用其他导线接地或短路”。

（95）在 0.4kV 低压改造现场，作业使用的梯子梯脚没有防滑措施，如图 2-95 所示，属一般装置违章。

图 2-95　低压改造

违章后果：没有防护措施的梯子投入使用，登梯人员在沿梯子登高作业时，存在梯子滑倒造成人员高坠的安全风险。

违反条款：违反《国家电网有限公司电力安全工作规程　第 8 部分：配电部分》第 19.4.1 条的规定“梯子应坚固完整，有防滑措施。梯子的支柱应能承受攀登时作业人员及所携带的工具、材料的总重量”。

（96）在低压线路抢修现场，梯与地面的斜角过小，如图 2-96 所示，属一般装置违章。

图 2-96　梯上作业

违章后果：梯与地面的斜角过小，梯子向外的分力变大，易发生倾滑，存在人员高摔安全风险。

违反条款：违反《国家电网有限公司电力安全工作规程　第 8 部分：配电部分》第 19.4.2 条的规定“单梯的横档应嵌在支柱上，并在距梯顶 1m 处设限高标志。使用单梯工作时，梯腿与地面的斜角度为 65°～75°”。

（97）在 10kV 线路综合检修现场，作业人员未戴绝缘手套卸高压熔断器，如图 2-97 所示，属一般行为违章。

图 2-97 综合检修

违章后果：未戴绝缘手套卸高压熔断器，不能确定现场安全措施是否落实到位，如未装设接地，线路来电，存在人员触电安全风险。

违反条款：违反《国家电网有限公司电力安全工作规程 第 8 部分：配电部分》第 6.4.4 条的规定“对于因交叉跨越、平行或邻近带电线路、设备导致检修线路或设备可能产生感应电压时，应加装接地线或使用个人保安线，加装（拆除）的接地线应记录在工作票上，个人保安线由作业人员自行装拆”。

（98）在 10kV 线路更换导线现场，撤旧线时作业人员采取突然剪断导线的方式撤线，如图 2-98 所示，属一般行为违章。

图 2-98　撤线

违章后果：作业人员采取突然剪断导线的方式撤旧线，如果突然剪断导线，杆塔的应力平衡状态受到破坏，会产生较大的冲击力，易使杆塔变形、倾倒，可造成倒杆对登杆作业人员人身安全带来伤害。

违反条款：违反《国家电网有限公司电力安全工作规程　第 8 部分：配电部分》第 6.4.9 条的规定“不应采用突然剪断导线的做法松线”。

（99）在 10kV 线路接引工作现场，杆上作业人员作业过程中接打电话，如图 2-99 所示，属一般行为违章。

图 2-99　杆上作业

违章后果：杆塔作业人员在现场接打电话，会引起工作人员注意力不集中，给作业人员带来安全隐患。

违反条款：违反《国家电网有限公司电力安全工作规程　第 8 部分：配电部分》第 8.2.3 的规定“杆塔上作业应注意以下安全事项：第 f）条杆塔上作业时不得从事与工作无关的活动”。

（100）在 10kV 带电作业现场，带电作业过程中，斗内两名作业人员同时接触不同电位设备，如图 2-100 所示，属一般行为违章。

图 2-100　带电作业

违章后果：同一绝缘斗内两名作业人员同时对不同相导线作业或同时接触不同电位设备，可能发生接地或短路事故，造成人身伤害。

违反条款：违反《国家电网有限公司电力安全工作规程　第 8 部分：配电部分》第 11.2.8 条的规定“作业区域带电体、绝缘子等应采取相间、相对地的绝缘隔离（遮蔽）措施。不应同时接触两个非连通的带电体或同时接触带电体与接地体”。